Stéphane Fay

Isotropisation de l'Univers en présence de champs scalaires

Stéphane Fay

Isotropisation de l'Univers en présence de champs scalaires

Un pont entre modèles de Bianchi et modèles FLRW

Presses Académiques Francophones

Impressum / Mentions légales
Bibliografische Information der Deutschen Nationalbibliothek: Die Deutsche Nationalbibliothek verzeichnet diese Publikation in der Deutschen Nationalbibliografie; detaillierte bibliografische Daten sind im Internet über http://dnb.d-nb.de abrufbar.
Alle in diesem Buch genannten Marken und Produktnamen unterliegen warenzeichen-, marken- oder patentrechtlichem Schutz bzw. sind Warenzeichen oder eingetragene Warenzeichen der jeweiligen Inhaber. Die Wiedergabe von Marken, Produktnamen, Gebrauchsnamen, Handelsnamen, Warenbezeichnungen u.s.w. in diesem Werk berechtigt auch ohne besondere Kennzeichnung nicht zu der Annahme, dass solche Namen im Sinne der Warenzeichen- und Markenschutzgesetzgebung als frei zu betrachten wären und daher von jedermann benutzt werden dürften.

Information bibliographique publiée par la Deutsche Nationalbibliothek: La Deutsche Nationalbibliothek inscrit cette publication à la Deutsche Nationalbibliografie; des données bibliographiques détaillées sont disponibles sur internet à l'adresse http://dnb.d-nb.de.
Toutes marques et noms de produits mentionnés dans ce livre demeurent sous la protection des marques, des marques déposées et des brevets, et sont des marques ou des marques déposées de leurs détenteurs respectifs. L'utilisation des marques, noms de produits, noms communs, noms commerciaux, descriptions de produits, etc, même sans qu'ils soient mentionnés de façon particulière dans ce livre ne signifie en aucune façon que ces noms peuvent être utilisés sans restriction à l'égard de la législation pour la protection des marques et des marques déposées et pourraient donc être utilisés par quiconque.

Coverbild / Photo de couverture: www.ingimage.com

Verlag / Editeur:
Presses Académiques Francophones
ist ein Imprint der / est une marque déposée de
AV Akademikerverlag GmbH & Co. KG
Heinrich-Böcking-Str. 6-8, 66121 Saarbrücken, Deutschland / Allemagne
Email: info@presses-academiques.com

Herstellung: siehe letzte Seite /
Impression: voir la dernière page
ISBN: 978-3-8381-7242-2

Copyright / Droit d'auteur © 2012 AV Akademikerverlag GmbH & Co. KG
Alle Rechte vorbehalten. / Tous droits réservés. Saarbrücken 2012

Chapitre 1

Introduction

Notre Univers actuel semble animé d'une expansion homogène et isotrope décrite géométriquement par les modèles de Friedmann-Lemaître-Robertson-Walker (FLRW). Il serait rempli de matières ordinaire et noire ainsi que d'une énergie sombre, la nature de ces deux dernières composantes restant inconnue. Cette description valide aujourd'hui pourrait cependant avoir été très différente dans le passé, lorsque l'Univers était jeune. Aussi dans ce livre, basé sur la thèse que l'auteur a soutenu en 2004[1], nous allons considérer que l'Univers primordial est décrit par la géométrie des modèles cosmologiques homogènes mais anisotropes de Bianchi pour laquelle l'expansion est la même partout mais pas dans toutes les directions d'observation. Quant au contenu matériel de l'Univers, nous considèrerons la présence de champs scalaires, accompagnés d'un fluide parfait, et rechercherons alors quelles doivent être les propriétés de ces champs pour que l'Univers primordial à l'expansion anisotrope tende vers un Univers à l'expansion isotrope comme cela semble être le cas aujourd'hui. Cette description de l'Univers primordial appelle deux questions.

La première question est de savoir pourquoi, alors que notre Univers actuel semble bien décrit par un modèle de type FLRW, il serait nécessaire d'envisager des modèles moins symétriques ? Et bien il n'y a en réalité aucune raison physique établie pour que l'expansion soit exactement la même dans toutes les directions. En fait cette description repose sur le principe cosmologique qui veut que nous n'occupions pas une position privilégiée dans l'Univers. Mais ce n'est qu'un principe dont la symétrie mathématique est certes séduisante mais comme le fait remarquer R. Feynman *"We have, in our minds, a tendancy to accept symmetry as some kind of perfection. In fact it is like the old idea of the Greek that circles were perfect, and it was rather horrible to believe that the planetary orbits were not circles, but only nearly circles."*. Pour en revenir au principe cosmologique et à la géométrie FLRW qu'il sous-tend, depuis quelques années de nouvelles interrogations sur sa validité sont apparues. Elles sont en partie dues à la découverte d'une expansion accélérée[14, 13] de notre Univers actuel et à des travaux[2] ayant montré que cette accélération pourrait être expliquée si l'on prenait en compte la présence d'inhomogénéités dans la distribution de matière de l'Univers et donc une expansion inhomogène. Une autre raison de sa remise en cause est que dans quelques années, de nouvelles observations jusqu'à présent techniquement hors de portées comme le "redshift drift" (la variation du redshift avec le temps) pourraient permettre de tester le principe cosmologique[3]. On le voit, ce dernier ne doit pas être pris pour acquis et il semble utile, comme nous le ferons dans ce qui suit, d'envisager un Univers primordial à l'expansion anisotrope et tendant asymptotiquement vers l'isotropie. Pourquoi alors ne pas totalement abandonner le principe cosmologique pour étudier des modèles non pas seulement anisotropes mais également inhomogènes aux époques primitives et qui tendraient alors à s'homogénéiser ? Cela semble pour le moment hors de porté mathématiquement.

Une seconde question concerne la présence de champs scalaires dans l'Univers. Un champ scalaire est une fonction qui à chaque point de l'espace et du temps associe un nombre. Un bon exemple de champ scalaire est la température d'une pièce : à chaque point d'une pièce on peut associer une quantité T définissant la température. Un autre exemple est le potentiel gravitationnel ϕ à l'extérieur d'une masse M. Ces champs abondent en physique des particules (par exemple l'excitation du champ de Higgs génère les bosons de Higgs dont on aurait récemment découvert la trace dans les collisions du CERN) et il semble donc normal de les prendre en compte en cosmologie, tout particulièrement à haute énergie, lors des premiers instants de l'Univers (on le fait déjà à basse énergie pour décrire l'énergie sombre qui est l'un des meilleurs candidats pour expliquer la dynamique de notre Univers actuel). L'un des problèmes posé par ces champs est qu'ils peuvent prendre une infinité de forme : leurs nombres, leurs potentiels, leurs couplages avec la métrique, la matière, tout cela reste relativement indéfini. Le fait même qu'une théorie tenseur-scalaire de la gravitation soit une bonne description de l'Univers reste incertain. Il est donc nécessaire d'être capable d'éliminer les théories de ce type conduisant à des résultats physique aberrants ou au contraire de repérer celles menant à des comportements physiquement intéressants pour notre Univers. C'est à cette dernière contrainte que nous allons tenter de répondre à travers ce livre en étudiant les propriétés que doivent posséder des champs scalaires pour permettre à un Univers initialement anisotrope de s'isotropiser et ainsi de tendre vers un modèles FLRW en accord avec le principe cosmologique.

Evidement la question est vaste et il serait illusoire de penser pouvoir y répondre complètement ou définitivement. Elle doit avant tout nous servir de fil conducteur nous menant vers quelques éléments de réponses. Afin d'étudier l'isotropisation des modèles de Bianchi, nous nous servirons du formalisme Hamiltonien ADM. Ce dernier nous permettra d'obtenir des systèmes équations du premier ordre qu'il est ainsi possible d'étudier en appliquant les méthodes d'analyse des systèmes dynamiques[4]. Au final, ceci nous permettra de classifier les théories tenseur-scalaires en trois classes en fonction de la manière dont elles permettent l'isotropisation de l'Univers et de déterminer les comportements asymptotiques des modèles de Bianchi au voisinage de l'isotropie.

Dans le chapitre suivant, nous allons exposer plus précisément l'intérêt des champs scalaires et des modèles de Bianchi à travers une argumentation historique et physique. Dans le chapitre 3 nous expliquerons la classification des modèles de Bianchi afin d'établir leurs métriques. Dans le chapitre 4 nous étudierons la méthode de Cartan qui permet de déterminer rapidement les composantes non nulles du tenseur de Riemann et donc d'obtenir le tenseur d'Einstein. Etant ainsi capable de déterminer la partie géométrique des équations de champs nous considérerons un contenu matériel pour l'Univers en écrivant le Lagrangien des théories tenseur-scalaires dont nous déduirons la forme complète des équations de champs pour tous les modèles de Bianchi. Enfin, nous ferons de même à l'aide du formalisme Hamiltonien ADM. Les chapitres 5 et 6 seront alors respectivement consacrés à l'isotropisation du modèle de Bianchi plat de type I puis des modèles de Bianchi avec courbure avant de conclure dans le chapitre 7.

Les conventions mathématiques utilisées seront les suivantes :
  – Les parenthèses en indice indiquent une opération de symétrisation sur les indices qu'elles renferment.
  – Les crochets en indice indiquent une opération d'antisymétrisation sur les indices qu'ils renferment.
  – Les symboles de Christoffel seront notés $\Gamma^{\mu}_{\alpha\beta} = \frac{1}{2}g^{\mu\nu}(g_{\nu\alpha,\beta} + g_{\nu\beta,\alpha} - g_{\alpha\beta,\nu})$
  – Les composantes du tenseur de Riemann seront notées $R^{\alpha}_{\beta\mu\nu} = \Gamma^{\alpha}_{\beta\nu,\mu} - \Gamma^{\alpha}_{\beta\mu,\nu} + \Gamma^{\alpha}_{\sigma\mu}\Gamma^{\sigma}_{\beta\nu} - \Gamma^{\alpha}_{\sigma\nu}\Gamma^{\sigma}_{\beta\mu}$
  – Les composantes du tenseur de Ricci seront notées $R_{\alpha\beta} = R^{\nu}_{\alpha\nu\beta}$
  – L'invariant scalaire de courbure sera noté $R = R^{\alpha}_{\alpha}$

Chapitre 2

L'intérêt des champs scalaires et des modèles de Bianchi

2.1 La naissance de la première théorie tenseur-scalaire

Les champs scalaires ont une longue histoire comme le montre l'article de H. Brans[5] dont nous nous sommes inspirés pour écrire cette section. Celle-ci commence par une tentative d'intégration de la théorie newtonienne et de son potentiel scalaire dans une théorie de la relativité restreinte, en passant par les théories de Kaluza-Klein et les nombres de Dirac pour aboutir à la première théorie tenseur-scalaire de Jordan, Brans et Dicke. C'est la naissance de cette dernière que nous allons raconter.

L'objectif des théories de Kaluza-Klein était d'unifier la gravitation avec l'électromagnétisme. Pour cela l'idée est d'introduire le 4-potentiel électromagnétique dans la métrique en rajoutant une cinquième dimension à l'espace-temps[6] : la courbure en un point de l'espace-temps désormais à 5 dimensions y engendre ce que l'on perçoit comme étant les forces gravitationnelles et électromagnétiques. Cette cinquième dimension est compactifiée à l'échelle de Planck et est donc inobservable.

Où se cache le champ scalaire de cette théorie ? Si l'on considère des indices (M, N) variant de 0 à 4 et des indices (μ, ν) variant de 0 à 3, la 5 métrique de Kaluza-Klein définie par les fonctions g_{MN} est composée de :

- la 4-métrique habituelle, représentée par les fonctions métriques $g_{\mu\nu}$
- le 4 potentiel électromagnétique qui est contenu dans les fonctions métriques $g_{\mu 4} = g_{4\mu}$
- et enfin une composante g_{44} choisie constante.

La constance de la fonction g_{44} est une hypothèse de Kaluza qui fut plus tard abandonnée apparemment en premier[7] par Jordan[8] puis par Thiry[9] : il montra que la composante g_{44} correspondait en fait à un champ scalaire. Pour cela, il écrivit l'ensemble complet des équations de champs pour le tenseur de Ricci, $R_{MN} = 0$ qui se réduit alors à 10 équations d'Einstein avec matière, 4 équations de Maxwell et une équation d'onde pour le champ scalaire, cette dernière n'ayant rien à voir avec la gravitation ou l'électromagnétisme. Pour retrouver la théorie d'Einstein-Maxwell standard, on s'aperçoit qu'il faut alors choisir de manière ad hoc $g_{44} = 4G$, où G est la constante de gravitation, associant ainsi le champ scalaire à cette constante.

C'est alors qu'intervint Dirac[10]. A partir de l'âge de l'Univers T_u tel que défini par les mesures de la constante de Hubble en 1938 et d'une échelle de temps atomique T_a naturellement définie par les échelles de temps e^2/m ou $\hbar/m$, où e est la charge de l'électron et m est la masse d'un électron ou d'un nucléon, il définit le rapport de temps $t \equiv T_u/T_a \approx 10^{40}$. Puis, Dirac décide de regarder le rapport sans dimension des forces électriques et gravitationnelles. Il définit alors le nombre $\gamma \equiv e^2/(km^2) \approx 10^{40}$ avec $k = 8\pi G$. Il définit également le rapport entre la masse de l'Univers M_u et une masse atomique standard m soit $\mu \equiv M_u/m \approx 10^{80}$. Pour Dirac, la manière dont ces nombres naturels et sans dimension se regroupent doit avoir une raison physique qui le conduit à développer un modèle cosmologique pour lequel $\mu \approx t^2$ et $\gamma \approx t$, c'est-à-dire tel que ces deux quantités varient avec le temps, impliquant ainsi que $\mu/(t\gamma) \approx 1$ et donc

$$1/k \approx M/R \tag{2.1}$$

M et R étant la masse et le rayon de l'Univers. Cette dernière égalité soulève alors la question de savoir si la constante de gravitation est une vraie constante ou si elle est déterminée par la distribution de masse dans l'Univers.

L'association du champ scalaire des théories de Kaluza-Klein à la constante gravitationnelle et la possible variation de cette dernière due à l'hypothèse (2.1) de Dirac, firent penser à Jordan que le champ scalaire pourrait être une généralisation d'une constante de gravitation qui serait en fait variable. Brans et Dicke motivés par les idées de Mach sur l'inertie ainsi que Sciama, arrivèrent à des conclusions similaires sur une possible variation de G. Cependant ce fut Jordan et ses collaborateurs qui firent les premiers un pas supplémentaire décisif en séparant le champ scalaire de son contexte multi dimensionnel. Dans toutes ces théories, le champ scalaire ϕ vaut approximativement l'inverse de la constante de gravitation :

$$1/k \approx \phi$$

Ce choix est motivé par l'hypothèse (2.1) qui montre que $1/k$ pourrait être une variable et satisfaire une équation de champ. Si maintenant on écrit l'action de la Relativité Générale, il vient

$$\delta \int (R + kL_m)\sqrt{-g}d^4x = 0$$

Le couplage de k, quantité variable, directement au Lagrangien de la matière L_m, fait que les particules ne suivent plus les géodésiques de l'espace-temps en l'absence de toute autre force que la force gravitationnelle. Afin de remédier à ce problème, on divise l'action par k et on obtient finalement :

$$\delta \int (\phi R + L_m)\sqrt{-g}d^4x = 0$$

L'équation des géodésiques est donc sauve mais le champ scalaire modifie évidemment l'énergie du champ de gravitation et implique des effets observables. L'action ci-dessus n'est pas encore satisfaisante. En effet, elle ne donne pas lieu à une équation pour ϕ qui nous permettrait de connaître sa dynamique. Pour cela, il nous faudrait une action de la forme :

$$\delta \int (\phi R + L_\phi + L_m)\sqrt{-g}d^4x = 0$$

et puisque les équations de champs sont habituellement du second ordre, il est probable que $L_\phi = L(\phi, \phi_{,\mu})$. Un choix naturel semble être $L_\phi = -\omega\phi_{,\mu}\phi_{,\nu}g^{\mu\nu}$, où ω est une constante. Cependant ω devrait avoir la même dimension que la constante de gravitation et le choix final est donc

$$L_\phi = -\frac{\omega}{\phi}\phi_{,\mu}\phi_{,\nu}g^{\mu\nu}$$

Nous obtenons ainsi la forme de l'action de la théorie de Jordan-Brans-Dicke[11], la première théorie tenseur-scalaire :

$$\delta \int \left(\phi R - \frac{\omega}{\phi}\phi_{,\mu}\phi_{,\nu}g^{\mu\nu} + L_m\right)\sqrt{-g}d^4x = 0$$

On peut alors appliquer le principe variationnel sur cette action afin de trouver les équations de champs dont l'équation pour le champ scalaire. Ainsi, pour un champ faible et pour une coquille sphérique de masse M et de rayon R, l'Univers étant vide de par ailleurs, cette équation donne :

$$\phi \approx \phi_\infty + \frac{1}{4\pi(2\omega + 3)}\frac{M}{R}$$

Si ϕ est identifié avec l'inverse de la constante de gravitation et que ϕ_∞ est choisi égal à zéro, on retrouve l'hypothèse de Dirac (2.1).

Le début des années 80 a profondément modifié les raisons de considérer des champs scalaires : les idées de Guth sur l'inflation donnèrent naissance à des champs scalaires appelés inflatons tandis que l'émergence de nouvelles idées en physique des particules donnèrent naissance aux dilatons qui seront abordés dans la section suivante. Le modèle d'alors de la cosmologie souffre de nombreux problèmes conceptuels : pourquoi l'Univers semble t'il si plat ? Comment des régions causalement séparées au début des temps peuvent elles être si semblables aujourd'hui ? Guth[12] remarqua qu'ils seraient partiellement résolus si, aux époques primordiales, il y avait une période d'inflation avec une expansion exponentielle de l'Univers. Pour cela, la première idée est d'introduire une constante cosmologique mais les observations montrent que sa valeur actuelle serait

10^{120} fois plus petite que celle prédite aux époques primordiales : c'est le problème de la constante cosmologique. Une manière de le résoudre est de considérer un nouveau champ scalaire appelé inflaton tel que

$$L_\phi = \phi_{,\mu}\phi_{,\nu}g^{\mu\nu} - U(\phi)$$

dont le couplage avec lui même est décrit par le potentiel U qui joue alors le rôle d'une constante cosmologique variable. Depuis la fin des années 90, la présence de ce potentiel a trouvé de nouvelles raisons d'être avec la détection par deux équipes[13, 14] indépendantes de l'accélération de l'expansion de l'Univers. L'une des explications les plus en vogue de ce phénomène serait la présence d'un champ scalaire jouant le rôle d'une énergie sombre, c'est-à-dire dont la densité et la pression sont liées par une équation d'état semblable à celle d'un fluide parfait et dont l'indice barotropique serait négatif. Il en résulterait une pression du champ scalaire négative qui serait à l'origine de cette nouvelle et récente période d'accélération de l'expansion.

2.2 Les champs scalaires en physique des particules

L'introduction de champs scalaires en cosmologie obéit également à des raisons liées à la physique des particules. Afin de les appréhender, nous allons en exposer quelques points importants. Cette section s'inspire d'un article de Zel'dovich[15] destiné à vulgariser le concept de champs scalaire.
Les théories physiques les mieux établies par l'expérimentation reposent sur des champs vectoriels et tensoriels. Un champ de vecteurs est une distribution spatio-temporelle de 4-vecteurs : à chaque point de l'espace en chaque instant est associé un vecteur. Citons quelques champs de vecteurs couramment utilisés en physique et aux propriétés très différentes :

- Le plus évident est bien sûr le champ électromagnétique. Ce champ de vecteurs est neutre (le photon n'a pas de charge) et non massif et cette interaction est donc à porté infinie.

- Le champ de vecteurs des bosons W et Z responsables de l'interaction faible est massif, ce qui signifie qu'elle est à courte portée et instable : ces particules se désintègrent en paires d'autres particules.

- Le champ de vecteurs des gluons, responsable de l'interaction forte, est massif et avec une charge. Les gluons sont eux même une source pour d'autres champs de gluons menant au confinement des quarks et au fait que les gluons comme les quarks ne peuvent exister librement. Les seules particules stables sont ainsi des combinaisons de quarks et d'antiquarks ou des combinaisons de trois quarks.

Il existe d'autres types de champs que les champs vectoriels. Ainsi dans la liste ci-dessus ne figure pas la description de la force gravitationnelle qui ne repose pas sur un champ de vecteurs mais sur un champ de tenseurs. Comme on le voit, tous ces champs correspondent (lorsqu'ils sont excités) à des particules : ainsi les champs de vecteurs correspondent à des particules avec un spin $1\hbar$, $\hbar$ étant la constante de Plank divisée par 2π, et les champs de tenseurs à des particules (gravitons) de spin $2\hbar$. Les particules de spin entier sont des bosons et, contrairement à celles ayant un spin demi entier et qui sont des fermions, elles n'obéissent pas au principe d'exclusion de Pauli. Les champs scalaires quant à eux correspondent à des particules de spin zéro et sont donc également des bosons.

Historiquement, la première raison d'introduire un champ scalaire en physique des particules est due à Yukawa, qui imagina un champ avec une masse au repos afin d'expliquer les forces nucléaires. La courte portée des interactions nucléaires correspondait à des mésons ayant une masse de l'ordre de 100 à 200 Mev prédite par Yukawa. On découvrit effectivement des mésons π avec une masse de 140 Mev. L'avenir des champs scalaires semblait donc tout tracé. Cependant, les prédictions détaillées de la théorie scalaire furent désavouées par l'expérience. Les pions étaient bien des bosons mais composés d'un quark et d'un antiquark. Le renouvellement de l'intérêt pour les champs scalaires vint d'une idée complètement différente de celle de Yukawa : la renormalisation.

Le développement de l'électrodynamique quantique commença vers la fin des années 40. L'approximation de base pour les muons et les électrons dans un atome ou un champ magnétique est donnée par la théorie de Dirac. Les électrons ont un spin, une charge et un moment définis. Cependant, pour une meilleure approximation, il est nécessaire de tenir compte de processus virtuels : un électron dans son état de base ne peut émettre un photon réel car il n'a pas l'énergie requise. Mais il peut émettre un photon virtuel puis le réabsorber rapidement. Ceci est permis par le principe d'incertitude d'Heisenberg à partir du moment où la conservation de l'énergie n'est pas violée. De la même manière, on peut imaginer la création et l'annihilation de paires virtuelles d'électron-positron dans le champ électrostatique du noyau. Ces processus ne changent pas qualitativement la physique : il y a toujours un état de base de l'électron et un champ électrostatique. Mais les propriétés quantitatives sont très légèrement changées lorsque l'on prend en compte ces processus virtuels : à première vue, les équations semblent contenir une infinité d'intégrales à cause du nombre infini d'états possibles des particules virtuelles. Cependant, il fut réalisé que des processus similaires arrivaient pour les électrons libres comme pour les liés, que la quantité mesurée est la différence entre les énergies de ces deux types d'électrons et que la différence entre deux intégrales infinies est une intégrale finie. Cette procédure fut appelée renormalisation et montra l'importance des particules virtuelles.

Par la suite, on commença également à s'intéresser aux corrections du second ordre pour la force faible mais cette fois, la renormalisation ne marcha pas pour les particules massives vecteurs de cette force : les infinis ne disparaissaient pas. Notons que cette masse est nécessaire pour expliquer la désintégration β et le rôle des particules W et Z. C'est là que l'idée des champs scalaires revint en force. Plutôt que d'imposer directement une masse aux bosons, on suppose que le champ de vecteurs les représentant interagit avec la charge d'un champ scalaire massif, c'est-à-dire possédant un potentiel, la charge décrivant l'interaction avec le champ de vecteurs. Ce champ scalaire est le champ de Higgs-Englert qui eurent l'idée d'introduire un potentiel de la forme $V(\phi) = k(\phi^2 - \phi_0^2)$, permettant ainsi la renormalisation. Ce champ seulement caractérisé par une masse et qui correspond comme expliqué plus haut à un boson, donne leur masse aux particules élémentaires qui interagissent avec lui. Le Higgs viendrait d'être détecté au LHC.

D'autres raisons peuvent être évoquées concernant la présence de champs scalaires de nature différente de celle du boson de Higgs. Sans rentrer autant que précédemment dans les détails signalons par exemple que les théories de supersymétries prédisent l'existence de plusieurs champs scalaires. Ces théories postulent l'égalité entre les degrés de liberté fermionique et bosonique : à chaque boson (dont celui de Higgs) correspond un fermion et vice-versa. Ceci ne peut être réalisé qu'en ajoutant des degrés de libertés supplémentaires via des champs scalaires dont les potentiels peuvent être tout à fait différents de celui imaginé par Higgs (par exemple des champs scalaires complexes). Généralement ces champs scalaires sont appelés dilatons. Les particules supersymétriques pourrait être des constituants essentiels de la matière noire. En particulier le plus léger des neutralinos, un état résultant d'une mixture de plusieurs particules supersymétriques, pourrait être la plus légère des particules antisymétriques et un candidat pour la théorie de la matière noire froide. Pour une introduction aux théories de supersymétrie, on pourra se référer au livre de Gordon Kane[16], "Supersymmetry, unveiling the ultimate laws of Nature".

Tout ceci démontre, nous l'espérons, l'intérêt de considérer des champs scalaires.

2.3   Petite histoire des modèles de Bianchi

Luigi Bianchi[17] est né à Parme le 18 juin 1856. Il fut l'étudiant d'Ulisse Dini et Enrico Batti à l'école normale supérieure de Pise et devint professeur à l'Université de Pise en 1886 puis directeur de l'école normale en 1918 jusqu'à sa mort en en 1928.

Ses contributions mathématiques furent publiées dans onze volumes par l'Italian Mathematical Union et couvrent un grand nombre de domaines. En ce qui concerne la géométrie Riemanienne, il est surtout connu pour sa découverte des identités de Bianchi dont la démonstration complète fut donnée dans [18](il les avait découvertes une première fois dans un article de 1888 mais avait négligé leur importance en les donnant en note de bas de page.). En 1897, en utilisant les résultats de Lipshitz[19] et Killing[20] ainsi que la théorie des groupes continus de Lie[21], il donna une classification complète des classes d'isométries des 3-variétés de Riemann, identifiées par les lettres romaines I à IX. A l'époque, ni la relativité générale, ni la relativité restreinte n'existaient encore. Notons également l'existence des modèles anisotropes axisymétriques de Kantowski et Sachs.

En 1951, le travail de Bianchi fut introduit en cosmologie par Abraham Taub dans son article "Empty Spacetimes Admitting a Three-Parameter Group of Motions"[22]. Les espaces temps spatialement homogènes ont une géométrie spatiale dépendante du temps qui est donc une 3-géométrie homogène. Ainsi, l'espace temps a un groupe d'isométries à r dimensions agissant sur une famille d'hypersurfaces avec $r = 3$(action simplement transitive), $r = 4$(locally rotationally symmetric) ou $r = 6$(modèles isotropiques). Le cas $r = 3$ devint connu sous le nom de cosmologies de Bianchi après l'article de Taub.

Pendant une décade, les modèles de Bianchi tombèrent dans l'oubli jusqu'à la renaissance de la Relativité Générale au début des années 60. O. Heckmann et E. Schücking les firent resurgir en 1958 dans leur ouvrage "Gravitation, an Introduction to Current Research"[23]. Puis ce fut au tour de l'école russe de Lifshitz et Khalatnikov, rejoints plus tard par Belinsky, à travers leur étude sur l'approche chaotique de la singularité initiale qui inspira Misner aux USA et plus tard Hawking et Ellis au Royaume Uni. La classification de Bianchi elle-même fut revue par C.G. Behr dans un travail non publié mais rapporté dans [24] en 1968. Enfin une contribution essentielle sur les modèles de Bianchi fut apportée par Ryan, un étudiant de Misner, et résumée à travers son livre "Homogenous Relativistic Cosmologies"[25].

2.4 Justification physique des modèles de Bianchi

L'Univers tel que nous l'observons aujourd'hui est très bien décrit par les modèles cosmologiques et homogènes de Friedman-Lemaitre-Robertson-Walker (FLRW). Ceci a été montré par les observations du rayonnement de fond cosmologique par les satellites COBE et WMAP. Cependant rien ne nous permet d'extrapoler ces propriétés d'isotropie et d'homogénéité aux époques primordiales avant le découplage rayonnement/matière. La question se pose donc de savoir pourquoi l'Univers les possède alors qu'il existe une infinité de modèles cosmologiques ne les ayant pas. Essentiellement, on distingue deux réponses :

- Il pourrait exister un principe quantique qui sélectionne parmi l'ensemble des modèles possibles, les modèles FLRW comme étant les plus probables. Cette réponse repose sur le développement d'une théorie quantique des conditions initiales.

- L'univers primordial serait inhomogène et anisotrope mais son évolution le conduirait vers un état (asymptotique ou temporaire) homogène et isotrope correspondant aux modèles FLRW.

C'est ce second point de vue que nous adopterons en considérant que l'Univers est initialement anisotrope et devient asymptotiquement isotrope. Nous garderons l'hypothèse d'homogénéité car les modèles cosmologiques inhomogènes ne sont pas classifiés, dus à leur manque de symétrie. De plus nous considérerons que cet état n'est pas transitoire mais atteint asymptotiquement. En effet, les observations montrent que notre Univers doit être isotrope depuis au moins son premier million d'années ce qui laisse à penser que cet état une fois atteint, est stable.

Considérer que l'Univers est initialement anisotrope permet donc d'expliquer les processus menant à l'isotropisation plutôt que de considérer cet état de manière ad hoc. Un autre avantage des modèles anisotropes réside en leur approche de la singularité en Relativité Générale, oscillatoire et chaotique pour les plus généraux d'entre eux. Elle serait partagée, selon une conjoncture due à BKL, par les modèles inhomogènes et anisotropes au contraire des modèles FRLW dont l'approche de la singularité est monotone.

Chapitre 3

Les modèles de Bianchi

Dans ce chapitre nous allons étudier la classification des modèles spatialement homogènes et isotropes de Bianchi. Nous verrons qu'ils sont au nombre de neuf et se subdivisent en deux classes, A et B. Enfin nous apprendrons à calculer la métrique de chacun de ces modèles.

3.1 Classification des variétés spatialement homogènes de Bianchi

Les modèles de Bianchi sont des variétés spatialement homogènes mais anisotropes que l'on peut classifier à l'aide des groupes et algèbres de Lie[25, 26, 27] comme nous allons le voir dans cette section.

3.1.1 Quelques définitions

Pour commencer, définissons ce qu'est un *groupe topologique*. Un groupe topologique est un groupe G munit d'une topologie qui rend continues les applications suivantes :
- La loi de composition de $G : (a, b) \rightarrow ab$
- L'inversion de G : $aob^{-1} = e$ où e est l'élément inverse.

Un espace est dit connexe si 2 points quelconques de cet espace peuvent être reliés par une courbe déformable à volonté d'une façon continue, telle que tous les points de la courbe se trouvent à l'intérieur de l'espace. *Un groupe de Lie est alors* la composante connexe d'un groupe topologique.

Définissons le *commutateur* $[X, Y]$ de deux champs de vecteurs quelconques X et Y. Soit une fonction quelconque ψ, on a :

$$[X, Y]\psi = X(Y\psi) - Y(X\psi)$$

Une *isométrie d'une variété riemannienne* M est une transformation de M qui laisse la métrique g invariante. Les isométries de la variété M forment un groupe de transformations de M. Elles conservent les mesures des longueurs, les mesures d'angles et transforment les géodésiques en géodésiques. L'ensemble de toutes les isométries d'une variété M donnée vérifie les axiomes de groupe car l'identité est une isométrie, l'inverse d'une isométrie est une isométrie et la composition de deux isométries est encore une isométrie. Cette ensemble forme donc lui même un groupe, généralement *un groupe de Lie*.

Cette définition du commutateur va nous permettre de définir ce qu'est une *algèbre de Lie*. Une algèbre de Lie réelle L, de dimension $n \geq 1$, est un espace vectoriel réel de dimension n muni d'un produit de Lie $[,]$ tel que $\forall a, b, c \in L$ et $\forall \alpha, \beta, \gamma \in \Re$:

    $-\ [a, b] \in L$

    $-\ [\alpha a + \beta b, c] = \alpha\,[a, c] + \beta\,[b, c]$

    $-\ [a, \beta b + \gamma c] = \beta\,[a, b] + \gamma\,[a, c]$

    $-\ [a, b] = -\,[b, a]$ (antisymétrie)

    $-\ [a, [b, c]] + [b, [c, a]] + [c, [a, b]] = 0$ (identité de Jacobie)

Une algèbre de Lie est spécifiée par une base $x_1, ..., x_n$ de l'espace vectoriel de cette algèbre. Puisque le produit de Lie de deux éléments de base appartient encore à l'algèbre de Lie, on peut écrire

$$[x_i, x_j] = C_{ij}^{k} x_k$$

On défini ainsi les *coefficients de structure* de l'algèbre de Lie.

Les isométries sont générées par ce que l'on appelle les *vecteurs de Killing* ξ. Ils sont tels qu'ils vérifient les *équations de Killing*

$$\xi_{a;b} + \xi_{b;a} = 0$$

Tout vecteur de Killing engendre une isométrie et l'ensemble de tous ces vecteurs forme l'algèbre de Lie du groupe d'isométrie. Par conséquent, rechercher les isométries d'une variété consiste à rechercher les solutions des équations de Killing. Par exemple, considérons un espace minkowskien dont l'élément de longueur quadridimensionnel infinitésimal s'écrit $ds^2 = -dt^2 + dx^2 + dy^2 + dz^2$. Les équations de Killing fournissent dix vecteurs de Killing indépendants. Ce sont en fait les générateurs infinitésimaux du groupe de Poincaré correspondant aux 4 générateurs des translations spatio-temporelles, trois générateur des rotations à trois dimensions et trois générateurs des transformations homogènes de Lorentz. On a donc un groupe G_{10} agissant sur une variété M_4 représentant une variété possédant un nombre maximum de symétries. De ce fait, l'espace temps de Minkowski est à courbure de Riemann constante. De manière générale, un groupe d'isométrie G_r à r paramètres agissant sur une variété M_n à n dimensions est telle que $n \leq r \leq n(n + 1)/2$. La variété M_n est alors dite à *symétrie maximale* lorsque $r = n(n + 1)/2$.

Pour imposer l'homogénéité spatiale, nous avons donc besoin d'un groupe d'isométrie agissant transitivement sur les sections spatiales ($n = 3$) de l'espace temps. ***Un groupe est transitif*** sur une surface S quelque soit sa dimension si il peut transformer n'importe quel point de S en un autre point de S. Il existe donc quatre groupes d'isométrie possible car $3 \leq r \leq 6$, soient G_6, G_5, G_4 et G_3. Le groupe G_6 de symétrie maximale correspond aux modèles homogènes et isotropes de la classe des FLRW. Le groupe G_5 est interdit par le ***théorème de Fubini*** qui affirme qu'une variété riemannienne de dimension supérieure à deux et qui n'est pas à courbure riemannienne constante, admet au plus un groupe d'isométrie à $n(n+1)/2 - 1$ paramètres. Le groupe G_4 peut toujours se ramener, sauf dans le cas du modèle de Kantowski-Sachs, au groupe G_3 car il admet toujours, sauf dans un cas, un sous groupe à trois paramètres agissant simplement transitivement sur des hypersurfaces spatiales.

Par conséquent, ***à part le modèle de Kantowski-Sachs, la classification de tous les modèles d'Univers homogènes se ramène à celle des groupes d'isométrie spatiale à trois paramètres, soit les algèbres de Lie réelles à trois dimensions.***

3.1.2   La classification des algèbres de Lie réelles à trois dimensions

Soit une base ξ_λ, $\lambda = 1, 2, 3$ de l'algèbre de Lie telle que $[\xi_\lambda, \xi_\mu] = C_{\lambda\mu}^\nu \xi_\nu$. Les commutateurs étant antisymétriques et vérifiant les identités de Jacobi, on a $C_{(\lambda\mu)}^\nu = 0$ et $C_{[\lambda\mu}^\nu C_{\rho]\nu}^\sigma = 0$ ce qui réduit à 9 le nombre de constantes de structure indépendantes. On peut réécrire celles-ci à l'aide de la ***décomposition d'Elis et MacCallum*** faisant intervenir un pseudotenseur symétrique $n^{\lambda\mu}$ et un vecteur a_μ :

$$C_{\lambda\mu}^\nu = \epsilon_{\sigma\lambda\mu} n^{\nu\sigma} + 2\delta_{[\mu}^\nu a_{\lambda]}$$

où les δ sont les symboles de Kroenecker et les ϵ les symboles de Levi-Civita tels que, en coordonnées de Minkowski, $\epsilon_{\sigma\lambda\mu} = -\epsilon^{\sigma\lambda\mu}$ et $\epsilon_{123} = 1$. Les crochets indiquent l'opération d'antisymétrisation sur les indices qu'ils renferment. On en déduit que

$$a_\mu = \frac{1}{2} C_{\mu\nu}^\nu$$

$$n^{\lambda\mu} = \frac{1}{2} C_{\sigma\tau}^{(\lambda} \epsilon^{\mu)\sigma\tau}$$

Les parenthèses indiquent l'opération de symétrisation sur les indices qu'ils renferment. Cette décomposition vérifie la propriété d'antisymétrie et les identités de Jacobi fournissent

$$n^{\lambda\mu} a_\mu = 0$$

C'est cette équation aux valeurs et vecteurs propres qu'il faut résoudre pour trouver toutes les structures possibles d'une algèbre de Lie de dimension trois et donc les solutions qui ne sont pas mutuellement équivalentes par un quelconque changement de base ξ_λ. La matrice $n^{\lambda\mu}$ est symétrique et réelle et on peut donc appliquer le théorèmes de JJ.Sylvester qui nous dit que le rang 1 et la valeur absolue $\mid s \mid$ de sa signature (i.e. la valeur absolue de la somme des éléments diagonaux) sont invariants sous l'action d'un changement de base. Il faut donc chercher les diverses combinaisons possibles de rang et de signature de la matrice $n^{\lambda\mu}$. On scinde les modèles de Bianchi en 2 classes.

- **La classe A de Bianchi** est telle que $a_\lambda = 0$.
  On choisi une base dans laquelle le tenseur $n^{\lambda\mu}$ est diagonal et dont les valeurs propres $n^{(i)}$, éléments diagonaux de $n^{\lambda\mu}$, valent 0,1 ou -1. On a alors six manières de combiner le rang et la signature de la matrice $n^{\lambda\mu}$ correspondant à six modèles : $I, II, VI_0, VII_0, VIII$ et IX.
- **La classe B de Bianchi** est telle que $a_\lambda \neq 0$.
  Dans ce cas a_λ est vecteur propre de $n^{\lambda\mu}$ relativement à la valeur propre 0. On choisi une base dans laquelle le tenseur $n^{\lambda\mu}$ est diagonal avec les valeurs propres $n^{(i)}$ et telle que les vecteurs a_λ soient orientés le long du troisième axe. On en déduit que $n^{(3)} = 0$ car $a \neq 0$ et donc que le rang de la matrice est inférieur ou égal à deux. Il existe donc quatre combinaisons possibles de rang et de signature de la matrice $n^{\lambda\mu}$. Si de plus on utilise la transformation d'échelle $\xi_i = k_i \xi_i'$ avec k_i une constante, on montre que la quantité $h^{-1} = n^{(1)} n^{(2)} a^{-2}$ est un invariant. Les quatre modèles seront nommés : IV, V, VI_h et VII_h.
- **Dimension des algèbres de Lie**
  Chaque classe d'équivalence des constantes de structure $C^\nu_{\lambda\mu}$ de l'algèbre de Lie constitue une sous-variété de l'espace des tenseurs à trois indices et donc de dimensions 27. Les constantes de structure étant antisymétriques (27-18=9) et respectant les trois identités de Jacobi (9-3=6), chaque type de Bianchi est donc associé à une sous variété de dimension six au maximum. Pour les types de la classe A, ceci correspond aux six composantes de la matrice symétrique $n^{\lambda\mu}$, pour les types de la classe B, aux trois composantes du vecteur a_μ et aux trois composantes de $n^{\lambda\mu}$ dans le plan perpendiculaire au troisième axe. On en déduit que :
  - Pour les types VI_h, VII_h, VIII et IX de Bianchi, il n'y a aucune restriction et il existe des ensembles de constantes de structure de dimension maximale égale à six.
  - Pour les types VI_h et VII_h, si h est fixé, on a une contrainte et donc leurs ensembles de constantes de structure sont de dimension cinq.
  - Pour les types II et V, un vecteur est donné (a_μ pour V et la première ligne de

Classe	Type	$n^{(1)}$	$n^{(2)}$	$n^{(3)}$	a	dimension
A	I	0	0	0	0	0
A	II	1	0	0	0	3
A	VI_0	1	-1	0	0	5
A	VII_0	1	1	0	0	5
A	VIII	1	1	-1	0	6
A	IX	1	1	1	0	6
B	V	0	0	0	1	3
B	IV	1	0	0	1	5
B	$III = VI_{-1}$	1	-1	0	1	5
B	$VI_h(h < 0)$	1	-1	0	$\sqrt{-h}$	(6)5 si h fixé
B	$VII_h(h > 0)$	1	1	0	$\sqrt{h}$	(6)5 si h fixé

TABLE 3.1 – Classification des algèbres de Lie

$n^{\lambda\mu}$ pour II). Leurs ensembles de constantes de structure sont donc de dimension trois.
  – Pour le type I, les constantes de structure sont toutes nulles et donc la dimension de leurs ensembles est zéro.
L'ensemble de cette classification est résumé dans le tableau 3.1.

3.2 Les métriques des variétés spatialement homogènes de Bianchi

Une congruence est un ensemble de courbes remplissant complètement au moins une région localement délimitée de la variété considérée. Pour écrire une métrique, il nous faut choisir une congruence temporelle et une base spatiale.

3.2.1 Congruence temporelle

Soit un ensemble d'hypersurfaces spatiales invariantes sous l'action des éléments d'un groupe d'isométries $G_{r\geq3}$. Soit S, l'une des surfaces et un point P appartenant à S. On trace la géodésique temporelle normale à S et passant par P. n^α est le vecteur unitaire tangent à cette géodésique le long de laquelle on mesure une distance propre s. On obtient alors un point Q et on construit ainsi la surface S' à laquelle ce point appartient. Soit P', un autre point quelconque de S, comme le groupe d'isométries est transitif, il existe une transformation $\phi \in G_r$ telle que $\phi(P) = P'$. A nouveau $Q' \in S'$ se déduit de P' en portant la même distance s le long de la géodésique temporelle perpendiculaire à S et passant par P'. On engendre ainsi un espace tangent aux hypersurfaces spatiales invariantes par G_r.
Soient $\xi_{(m)}$, $m = 1...r$, les vecteurs de Killing qui engendrent en tous les points de l'espace temps, l'espace tangent aux hypersurfaces spatiales invariantes. Les vecteurs $\xi_{(m)}$

obéissent aux équations de Killing $\xi_{(m)\alpha;\beta} + \xi_{(m)\beta;\alpha} = 0$ et n^α obéit à l'équation des géodésiques $n^\alpha_{;\beta}n^\beta = 0$. On en déduit que $n^\alpha\xi_{(m)\alpha} = 0$ et donc que *la géodésique temporelle de vecteur tangent n^α est orthogonale à toute surface homogène qu'elle coupe* car $n^\alpha \perp \xi_{(m)\alpha}\forall m = 1...r$. Par conséquent *les normales aux hypersurfaces d'homogénéité constituent le champ de vecteurs tangents d'une congruence de géodésique du genre temps, orthogonales à des hypersurfaces spatiales.* On choisit alors la direction de n^α pour définir la variable temporelle t. Les hypersurfaces spatiales homogènes sont alors des surfaces S(t) où t reste constant. Ces surfaces sont paramétrées par la distance mesurée le long des géodésiques temporelles, d'où $n_\alpha = -\partial t/\partial x^\alpha = (-1,0,0,0)$. Ce choix fixe un référentiel synchrone avec $g_{00} = -1$ et $g_{0m} = 0 \forall m = 1,2,3$. $x^0 = t$ est le temps propre de chaque point de l'espace et la métrique d'un espace temps dans le référentiel synchrone s'écrit $ds^2 = -dt^2 + g_{mn}dx^m dx^n$, $m,n = 1,2,3$. Comme on le montrera au paragraphe suivant, il n'y a pas de mélange des variables spatiales et temporelles. Du fait de l'homogénéité spatiale, le champ de vecteurs n^α est invariant sous l'action des éléments du groupe G_r. Cette invariance de groupe implique l'annulation de sa dérivée de Lie relativement à n'importe quel générateur infinitésimal des isométries. Il s'ensuit que n^α commute avec tous les vecteurs de Killing :

$$\left[\xi_{(\mu)}, n\right] = 0$$

3.2.2 Base spatiale

Soit un groupe de transformations infinitésimales G_r et une base de vecteurs de Killing $(\xi_{(\mu)})$. On définit l'orbite d'un groupe en un point P de la variété M comme étant une sous variété de M constituée des points de M qui résultent de l'action de tous les éléments du groupe sur le point P. On va rechercher l'ensemble des vecteurs $\chi_{(m)}$, m=1,2,3 qui sous-tend l'espace tangent à l'orbite du groupe, c'est-à-dire tels que $\left[\chi_{(n)}, \xi_{(m)}\right] = 0$, (m,n)=1...r. Cette dernière égalité nous indique qu'ils constituent donc une base invariante dont les constantes de structure D^l_{mn} sont introduites au moyen des commutateurs $\left[\chi_{(m)}, \chi_{(n)}\right] = D^l_{mn}\chi_{(l)}$. Afin de construire la base invariante, on se donne r vecteurs indépendants $\chi_{(n)}$ en un point P_0 avec les conditions initiales $\chi_{(n)0} = \xi_{(n)}(P_0)$, r étant le nombre de paramètres du groupe d'isométries, puis on les translate au moyen de la dérivée de Lie afin de définir r champs de vecteurs sur la variété M sur laquelle le groupe G_r agit. Si C^l_{mn} désigne les constantes de structures des vecteurs de Killing, on trouve que $D^l_{mn} = -C^l_{mn}\forall P \in M$ et donc $\left[\chi_{(m)}, \chi_{(n)}\right] = -C^l_{mn}\chi_{(l)}$. On en déduit que *l'algèbre de Lie des champs de vecteurs tangents à l'orbite, vecteurs invariants de groupe, est algébriquement équivalente à l'algèbre de Lie des vecteurs de Killing du groupe G_r.* On peut alors montrer que le produit scalaire de deux champs de vecteurs invariants quelconques est constant sur chaque orbite soit $(\chi_{(m)}^{\alpha}\chi_{(n)}^{\beta})_{;\gamma}\xi^{\gamma} = 0$ quelque soit le vecteur de Killing.

Par conséquent, la base invariante $(\chi_{(m)})$, construite en un point de chaque surface homogène devient un champ de vecteurs sur l'espace temps, en translatant les vecteurs invariants au moyen de la dérivée de Lie, par rapport au champ de vecteurs $n_{\alpha} = (-1, 0, 0, 0)$, orthogonal aux hypersurfaces $S(t)$

$$\left[\chi_{(\mu)}, n\right] = 0 \Leftrightarrow \frac{\partial}{\partial t}(\chi_{(\mu)}^{a}) = 0$$

Il s'ensuit que les vecteurs invariants sont indépendants du temps et les produits scalaires $g_{ab}\chi_{(m)}^{a}\chi_{(n)}^{b}$, notés g_{mn}, sont constants sur chaque surface de transitivité et dépendent uniquement du temps. On peut désormais écrire explicitement la formulation de la métrique des modèles cosmologiques homogènes de Bianchi. Pour cela, on choisit les $\chi_{a}^{(m)}$ tels que $\chi_{a}^{(m)}\chi_{(n)}^{a} = \delta_{n}^{m}$. La métrique spatiotemporelle s'écrit alors sous la forme

$$ds^{2} = -dt^{2} + g_{mn}(t)\chi_{a}^{(m)}\chi_{b}^{(n)}dx^{a}dx^{b}$$

On définit une *1-forme* comme étant un opérateur linéaire agissant sur les champs de vecteurs. Ainsi, si ω est une 1-forme et $\vec{U}$ un vecteur, $\omega(\vec{U})$ est une fonction telle que $\omega(\vec{U})(P)$ est un réel, P étant un point. On introduit alors les 1-formes $(\omega^{(m)})$ telles que :

$$\omega_{a}^{(m)}\chi_{(n)}^{a} = \delta_{n}^{m} \tag{3.1}$$

On dit que les 1-formes $(\omega^{(m)})$ constituent *la base duale* des $(\chi_{(m)})$. Alors la matrice inverse $\| \chi_{a}^{(m)} \|$, (m) en haut étant un indice de ligne, peut s'interpréter comme fournissant les composantes covariantes des 1-formes $\omega^{(m)}$. Les 1-formes de base vérifient les équations de Cartan et si l'on écrit

$$\omega^{(m)} = \chi_{a}^{(m)}dx^{a} \tag{3.2}$$

la forme finale de la métrique peut donc s'exprimer comme :

$$ds^{2} = -dt^{2} + g_{mn}(t)\omega^{m}\omega^{n} \tag{3.3}$$

3.2.3   Vecteurs invariants et métriques des modèles de Bianchi

Les vecteurs $\chi_{(n)}$ étant invariants de groupe et donc commutant avec les vecteurs de Killing, on a en termes de composantes :

$$\xi_{(m)}^{a}\chi_{(n),a}^{b} - \chi_{(n)}^{a}\xi_{(m),a}^{b} = 0 \tag{3.4}$$

Comme le déterminant de $\| \chi_{(m)}^{a} \|$ n'est pas nul, (m) en bas étant un indice de colonne, on peut définir trois vecteurs covariants, $\chi^{(m)}$, de composantes $\chi_{a}^{(m)}$ telles que

$\chi^a_{(m)}\chi^{(m)}_b = \delta^a_b$. De plus, on sait que $\xi^a_{(m)}\xi^{(m)}_b = \delta^a_b$ et en reportant cette expression dans (3.4), il vient :

$$\xi^b_{(n),c} - \chi^a_{(n)}\xi^b_{(m),a}\xi^{(m)}_c = 0$$

L'équation que nous utiliserons lors du calcul des vecteurs invariants est donc :

$$\xi^a_{(n),b} - \xi^a_{(m),c}\xi^{(m)}_b\chi^c_{(n)} = 0 \qquad (3.5)$$

avec pour conditions initiales de ce système différentiel en un point de coordonnées spatiales $(0,0,0)$, $\chi^a_{(m)}(0) = \xi^a_{(m)}(0)$. De plus, les vecteurs de Killing $\xi_{(m)}$ du groupe G_3 d'homogénéité spatiale correspondant aux diverses types de Bianchi ayant C^l_{mn} pour constantes de structure, vérifient

$$\xi^a_{(m)}\xi^b_{(n),a} - \xi^a_{(n)}\xi^b_{(m),a} = C^l_{mn}\xi^b_{(l)} \qquad (3.6)$$

le produit de Lie de deux vecteurs de Killing étant un vecteur de Killing.

3.3   Exemple : le modèle de Bianchi de type II

Concrètement, la marche à suivre pour obtenir les bases invariantes des modèles cosmologiques de Bianchi est la suivante :

1. On suppose les constantes de structure du modèle considéré connues

2. On résout (3.6) afin d'obtenir les vecteurs de Killing $\xi^a_{(m)}$

3. On résout (3.5) afin d'obtenir les vecteurs de base invariants $\chi^a_{(m)}$

4. On écrit explicitement la métriques à l'aide de (3.1-3.3)

Les constantes de structure de chaque modèle de Bianchi figurent dans le tableau 3.2.

Ainsi, pour le modèle de Bianchi de type II, les seules constantes de structure non nulles sont $C^1_{23} = -C^1_{23} = 1$. L'équation (3.6) donne :

$$\xi^a_{(1)}\xi^b_{(3),a} - \xi^a_{(3)}\xi^b_{(1),a} = 0$$
$$\xi^a_{(1)}\xi^b_{(2),a} - \xi^a_{(2)}\xi^b_{(1),a} = 0$$
$$\xi^a_{(2)}\xi^b_{(3),a} - \xi^a_{(3)}\xi^b_{(2),a} = 0$$

dont une solution particulière est :

$$\| \xi^a_{(m)} \| = \begin{pmatrix} 0 & 0 & 1 \\ 1 & 0 & x^3 \\ 0 & 1 & 0 \end{pmatrix} \text{ et } \| \xi^a_{(m)} \|^{-1} = \| \xi^{(m)a} \| = \begin{pmatrix} -x^3 & 1 & 0 \\ 0 & 0 & 1 \\ 1 & 0 & 0 \end{pmatrix}$$

Classe A	Constantes de structure		
I	$C^\lambda_{\mu\nu} = 0$		
II	$C^1_{23} = -C^1_{32} = 1$		
VI_0	$C^1_{23} = -C^1_{32} = 1, C^2_{13} = -C^2_{31} = 1$		
VII_0	$C^1_{23} = -C^1_{32} = 1, C^2_{13} = -C^2_{31} = -1$		
VIII	$C^1_{23} = -C^1_{32} = 1, C^2_{31} = -C^2_{13} = 1, C^3_{12} = -C^3_{21} = -1$		
IX	$C^1_{23} = -C^1_{32} = 1, C^2_{31} = -C^2_{13} = 1, C^3_{12} = -C^3_{21} = 1$		
Classe B	Constantes de structure		
V	$C^1_{13} = -C^1_{31} = -1, C^2_{23} = -C^2_{32} = -1$		
IV	$C^1_{13} = -C^1_{31} = -1, C^1_{23} = -C^1_{32} = 1, C^2_{23} = -C^2_{32} = -1$		
VI_h	$C^1_{23} = -C^1_{32} = 1, C^2_{13} = -C^2_{31} = 1, C^1_{13} = -C^1_{31} = -\sqrt{-h}, C^2_{23} = -C^2_{32} = -\sqrt{-h}$		
VII_h	$C^1_{23} = -C^1_{32} = 1, C^2_{13} = -C^2_{31} = -1, C^1_{13} = -C^1_{31} = -\sqrt{h}, C^2_{23} = -C^2_{32} = -\sqrt{h}$		

TABLE 3.2 – Les constantes de structure des modèles de Bianchi

le (m) en bas (en haut) étant un indice de colonne(respectivement de ligne). L'équation (3.5) va alors s'écrire

$$\chi^1_{(n),b} = 0 \Rightarrow \chi^1_{(n)} \text{ est constant pour tout n.}$$
$$\chi^3_{(n),b} = 0 \Rightarrow \chi^3_{(n)} \text{ est constant pour tout n.}$$
$$\chi^2_{(n),b} = \xi^{(3)}\chi^3_{(n)} \text{ où } \xi^{(3)}_b \text{ est nul sauf lorsque b=1, auquel cas } \xi^{(3)}_1 = 1$$

Cette dernière équation donne

$$\left.\begin{array}{l} \chi^2_{(n),1} = \chi^3_{(n)} \\ \chi^2_{(n),2} = 0 \\ \chi^2_{(n),3} = 0 \end{array}\right\} \Rightarrow \chi^2_{(n)} = \chi^3_{(n)}x^1 + const \text{ pour tout n}$$

Partant de ces solutions, on forme trois vecteurs invariants de base :

$$\| \chi^a_{(n)} \| = \begin{pmatrix} 0 & 0 & 1 \\ 1 & x^1 & 0 \\ 0 & 1 & 0 \end{pmatrix} \text{ et } \| \chi^a_{(n)} \|^{-1} = \| \chi^{(n)}_a \| = \begin{pmatrix} 0 & 1 & -x^1 \\ 0 & 0 & 1 \\ 1 & 0 & 0 \end{pmatrix}$$

L'équation (3.2) permet d'écrire

$$\omega^1 = dx^2 - x^1 dx^3$$
$$\omega^2 = dx^3$$
$$\omega^3 = dx^1$$

d'où la métrique diagonale de type II de Bianchi

$$ds^2 = -dt^2 + g_{11}(t)(dx^2 - x^2 dx^3)^2 + g_{22}(t)(dx^3)^2 + g_{33}(t)(dx^1)^2$$

Classe A	ω^1	ω^2	ω^3
I	dx^1	dx^2	dx^3
II	$dx^2 - x^1 dx^3$	dx^3	dx^1
VI_0	$chx^1 dx^2 + shx^1 dx^3$	$shx^1 dx^2 + chx^1 dx^3$	$-dx^1$
VII_0	$cosx^1 dx^2 + sinx^1 dx^3$	$-sinx^1 dx^2 + cosx^1 dx^3$	$-dx^1$
VIII	$dx^1 + ((x^1)^2 - 1)dx^2 +$ $(x^1 + x^2 - (x^1)^2 x^2)dx^3$	$2dx^1 dx^2 + (1 - 2x^1 x^2)dx^3$	$-dx^1 - (1 + (x^1)^2)dx^2 +$ $(x^2 - x^1 + (x^1)^2 x^2)dx^3$
IX	$-sinx^3 dx^1 + sinx^1 cosx^3 dx^2$	$cosx^3 dx^1 + sinx^1 sinx^3 dx^2$	$cosx^1 dx^2 + dx^3$
Classe B			
V	$e^{-x^1} dx^2$	$e^{-x^1} dx^3$	$-dx^1$
IV	$e^{-x^1} dx^2 + x^1 e^{-x^1} dx^3$	$e^{x^1} dx^3$	$-dx^1$
VI_h	$e^{-ax^1} chx^1 dx^2 +$ $e^{-ax^1} shx^1 dx^3$	$e^{-ax^1} shx^1 dx^2 +$ $e^{-ax^1} chx^1 dx^3$	$-dx^1$
VII_h	$e^{-ax^1} cosx^1 dx^2 +$ $e^{-ax^1} sinx^1 dx^3$	$-e^{-ax^1} sinx^1 dx^2 +$ $e^{-ax^1} cosx^1 dx^3$	$-dx^1$

TABLE 3.3 – Les 1-formes définissant les métriques diagonales de Bianchi

Dans le tableau 3.3, les 1-formes définissant chaque type de Bianchi sont indiquées.

Chapitre 4

Ecriture des équations de champs des théories tenseur-scalaires

Ce chapitre se décompose en trois sections. Dans la première on montre comment obtenir rapidement les composantes non nulles du tenseur de courbure par la méthode de Cartan. Dans la seconde, partant de la forme la plus générale de Lagrangien pour les théories tenseur-scalaires, les équations de champs des modèles de Bianchi de la classe A sont déduites. Enfin dans la troisième, on étudie le formalisme Hamiltonien afin de trouver la forme des contraintes Hamiltoniennes dont nous nous servirons plus tard pour obtenir les équations de Hamilton.

4.1 Calcul de la courbure d'une variété par la méthode de Cartan

Avant de nous lancer dans les calculs, commençons par une petite biographie de Cartan dont le nom va revenir tout au long de cette section (dont la source se trouvait autrefois sur http ://www.iecn.u-nancy.fr/Les-Maths-A-Nancy/).
Élie Cartan est né le 9 avril 1869 à Dolomieu (Dauphiné) où il fit ses études primaires. Son père était le forgeron du village. Il poursuivi ses études au collège de Vienne puis au lycée de Grenoble. Au lycée Jeanson-de-Sailly, il suit la préparation à l'Ecole Normale Supérieure où il entre en 1888. Ses enseignants se nomment alors H. Poincaré, E. Picard et de C. Hermite. A la suite de ces études, il obtient une bourse de la fondation Peccot. Ses premiers travaux, qui débouchèrent sur sa thèse soutenue en 1894, portent sur les groupes de Lie simples complexes, où il reprend, corrige et développe les résultats de structure et de classification obtenus par W. Killing.
Il commence alors sa carrière en obtenant un poste de lecteur à l'Université de Montpellier de 1894 à 1896, puis à la Faculté des sciences de Lyon de 1896 à 1903. En 1903, il est nommé professeur à la Faculté des sciences de Nancy, où il restera jusqu'en 1909. Il donne en même temps des cours à l'Ecole d'Electrotechnique et de Mécanique Ap-

pliquée. Il rédige deux grands articles sur une généralisation en dimension infinie des groupes de Lie simples et il élabore entre autre la théorie des formes extérieures dont nous allons découvrir quelques éléments dans ce qui suit.

En 1909, il vient enseigner à la Sorbonne, où il est nommé professeur en 1912. Il assure par ailleurs un enseignement à l'Ecole de Physique et Chimie de Paris. En 1914, il résout le problème de la classification des groupes de Lie simples réels et détermine les représentations de dimension finie de ces groupes. Pendant la guerre, il sert comme sergent dans l'hôpital aménagé dans les locaux de l'Ecole Normale Supérieure, tout en continuant ses travaux en mathématiques. Son oeuvre mathématique ultérieure est considérable, avec près de 200 publications et de nombreux ouvrages. Parmi les thèmes abordés, mentionnons l'étude des variétés à courbure constante négative, la théorie de la gravitation d'Einstein, la théorie des connexions affines, les groupes d'holonomie, les espaces riemanniens symétriques, les spineurs. Il est aussi l'auteur de plusieurs articles sur l'histoire de la géométrie.

Il prit sa retraite en 1940, et mourut le 6 mai 1951.

4.1.1 Différentiation des 1-formes de base

Nous allons établir les équations de structure de Cartan qui permettent de trouver la courbure d'une variété sans avoir à calculer les composantes nulles du tenseur de courbure. A cette fin, introduisons le concept de *différentiation des 1-formes de base*. Soit $\{\vec{e}_i\}$, une base de vecteurs d'un espace de Riemann et $\{\tilde{\omega}_i\}$ une base de 1-forme duale de la base des $\{\vec{e}_i\}$. On a par définition :

$$\vec{e}_i = a_i^s \partial / \partial x^s$$
$$\tilde{\omega}_i = b_s^i d\tilde{x}^s$$

a_s et b_s étant des fonctions du temps t et donc, du fait de la relation de dualité :

$$< \tilde{\omega}_i, \vec{e}_i > = b_s^i a_j^t \delta_t^s = \delta_j^i$$

soit

$$b_s^i a_j^s = \delta_j^i \tag{4.1}$$

On définit le *produit extérieur* d'une 1-forme par une 1-forme de la manière suivante :

$$\tilde{\mu} \wedge \tilde{\nu} = \tilde{\mu} \otimes \tilde{\nu} - \tilde{\nu} \otimes \tilde{\mu}$$
$$\tilde{\mu} \wedge \tilde{\nu} = -\tilde{\nu} \wedge \tilde{\mu}$$
$$\tilde{\mu} \wedge \tilde{\mu} = 0$$

où $\otimes$ désigne le produit tensoriel. Alors la **_différentielle extérieure_** d'une 1-forme de base s'écrira :

$$\tilde{d}\tilde{\omega}^i = \tilde{d}b_s^i \wedge \tilde{d}x^s = b_{s,t}^i \tilde{d}x^t \wedge \tilde{d}x^s$$

car $\tilde{d}(\tilde{d}x^s) = 0$. A l'aide de (4.1), on obtient alors :

$$\tilde{d}\tilde{\omega}^i = b_{s,t}^i a_j^t a_k^s \tilde{\omega}^j \wedge \tilde{\omega}^k \tag{4.2}$$

et

$$(b_s^i a_k^s)_{,t} = (\delta_k^i)_{,t} = 0 \Rightarrow b_{s,t}^i a_k^s = -b_s^i a_{k,t}^s$$

Par conséquent, il vient pour (4.2) :

$$\tilde{d}\tilde{\omega}^i = -b_s^i a_{k,t}^s a_j^t \tilde{\omega}^j \wedge \tilde{\omega}^k \tag{4.3}$$

Or seule la partie antisymétrique du coefficient de $\tilde{\omega}^j \wedge \tilde{\omega}^k$ importe car cette expression est antisymétrique sur les indices j et k, d'où :

$$\tilde{d}\tilde{\omega}^i = -\frac{1}{2}b_s^i(a_j^t a_{k,t}^s - a_k^t a_{j,t}^s)\tilde{\omega}^j \wedge \tilde{\omega}^k$$

De plus, on sait que :

$$[\vec{e}_j, \vec{e}_k] = (a_j^t a_{k,t}^s - a_k^t a_{j,t}^s)b_s^i \vec{e}_i = C_{jk}^i \vec{e}_i$$

le commutateur de deux vecteurs de base étant encore un vecteur de l'espace vectoriel de base et les C_{jk}^i étant les coefficients de structure de la base considérée. D'où :

$$\tilde{d}\tilde{\omega}^i = -\frac{1}{2}C_{jk}^i \tilde{\omega}^j \wedge \tilde{\omega}^k \tag{4.4}$$

Cette équation donne la **_différentielle extérieure des 1-formes de base_** en termes du produit extérieur de ces 1-formes de base.

4.1.2   Les équations de structure de Cartan

On définit l'ensemble des 1-formes de connexion affine $\tilde{\omega}_j^i$ par :

$$\tilde{\omega}_j^i = \Gamma_{jk}^i \tilde{\omega}^k$$

avec $\nabla_i \vec{e}_j = \Gamma_{ji}^k \vec{e}_k$, ∇ étant la connexion affine de composantes Γ et avec la notation $\nabla_i = \nabla_{\vec{e}_i}$ pour tout vecteur $\vec{e}_i$ appartenant à la base définie plus haut. Nous ne considèrerons exclusivement que des connexions affines symétriques, c'est-à-dire telles que :

$$\nabla_{\vec{u}}\vec{v} - \nabla_{\vec{v}}\vec{u} = [\vec{u}, \vec{v}]$$

quels que soient les champs de vecteurs $\vec{u}$ et $\vec{v}$. Cette condition de symétrie permet de déduire pour les vecteurs de base :

$$\Gamma^i_{kj} - \Gamma^i_{jk} = C^i_{jk}$$

Ainsi, (4.4) devient :

$$\tilde{d}\tilde{\omega}^i = -\Gamma^i_{kj}\tilde{\omega}^j \wedge \tilde{\omega}^k$$

donnant *la première équation de structure de Cartan* :

$$\tilde{d}\tilde{\omega}^i = -\tilde{\omega}^i_k \wedge \tilde{\omega}^k \tag{4.5}$$

Afin d'obtenir la seconde équation de structure de Cartan, il nous faut calculer la différentielle extérieure des 1-formes de connexion affine :

$$\tilde{d}\tilde{\omega}^i_j = \Gamma^i_{js,t}\tilde{\omega}^t \wedge \tilde{\omega}^s - \frac{1}{2}\Gamma^i_{jl}\tilde{\omega}^t \wedge \tilde{\omega}^s \tag{4.6}$$

De plus :

$$\tilde{\omega}^i_l \wedge \tilde{\omega}^l_j = \Gamma^i_{lt}\Gamma^l_{js}\tilde{\omega}^t \wedge \tilde{\omega}^s \tag{4.7}$$

Seule la partie antisymétrique des coefficients de $\tilde{\omega}^t \wedge \tilde{\omega}^s$ importe dans les relations (4.6-4.7). En les sommant, il vient :

$$\tilde{d}\tilde{\omega}^i_j + \tilde{\omega}^i_s \wedge \tilde{\omega}^s_j = \frac{1}{2}(\Gamma^i_{js,t} - \Gamma^i_{jt,s} - \Gamma^i_{jl}C^l_{ts} + \Gamma^i_{lt}\Gamma^l_{js} - \Gamma^i_{ls}\Gamma^l_{jt})\tilde{\omega}^t \wedge \tilde{\omega}^s$$

Or l'opérateur de courbure est défini par :

$$\begin{aligned}
R(\vec{e}_s, \vec{e}_t)\vec{e}_j &= \nabla_s(\nabla_t\vec{e}_j) - \nabla_t(\nabla_s\vec{e}_j) - \nabla_{[\vec{e}_s,\vec{e}_t]}\vec{e}_j \\
&= \nabla_s(\nabla_t\vec{e}_j) - \nabla_t(\nabla_s\vec{e}_j) - \nabla_{[\vec{e}_s,\vec{e}_t]}\vec{e}_j - C^l_{st}\nabla_l\vec{e}_j \\
&= R^i_{jst}\vec{e}_i
\end{aligned}$$

car $[\vec{e}_s, \vec{e}_t] = C^l_{st}\vec{e}_l$ et ou R^i_{jst} désigne les composantes du tenseur de Riemann. D'où :

$$R^i_{jst} = -\Gamma^i_{js,t} + \Gamma^i_{jt,s} + \Gamma^i_{jl}C^l_{ts} - \Gamma^i_{lt}\Gamma^l_{js} + \Gamma^i_{ls}\Gamma^l_{jt}$$

On obtient alors *la seconde équation de structure de Cartan* :

$$\tilde{d}\tilde{\omega}^i_j + \tilde{\omega}^i_s \wedge \tilde{\omega}^s_j = \frac{1}{2}R^i_{jst}\omega^s \wedge \tilde{\omega}^t \tag{4.8}$$

Ce sont ces deux équations de structure de Cartan qui servent au calcul du tenseur de courbure comme nous allons l'expliquer dans les sections suivantes.

4.1.3   La méthode de Cartan

Soit une variété M et sa métrique riemannienne g, (M, g) donne univoquement naissance à une dérivation covariante symétrique $\bigtriangledown$ associée. La **condition de compatibilité riemannienne** écrite ci-dessous garantit la compatibilité de $\bigtriangledown$ et g

$$\bigtriangledown_{\vec{w}}(g(\vec{u}, \vec{v})) = g(\bigtriangledown_{\vec{w}}\vec{u}, \vec{v}) + g(\vec{u}, \bigtriangledown_{\vec{w}}\vec{v})$$

où $\vec{u}$, $\vec{v}$ et $\vec{w}$ sont des champs de vecteurs et g le tenseur métrique de composantes g_{ij}. Cette condition associée à la première équation de structure de Cartan permet de calculer univoquement les formes et symboles de connexions à partir de la métrique et de la différentielle des formes de base. Elle s'écrit alors :

$$\tilde{d}g_{ij} = \tilde{\omega}_{ij} + \tilde{\omega}_{ji}$$

avec $\tilde{\omega}_{ij} = g_{is}\tilde{\omega}_j^s = \Gamma_{ijk}\tilde{\omega}^k$. Ainsi, si on choisit une base telle que $g_{ij} = const$, il vient :

$$\tilde{d}g_{ij} = 0 \text{ et } \tilde{\omega}_{ij} = -\tilde{\omega}_{ji} \tag{4.9}$$

La **méthode de Cartan** est alors :
  – On choisit une tétrade de vecteurs de base $\{\vec{e}_i\}$ et la tétrade duale de $1 - formes$ de base $\{\tilde{\omega}^i\}$ correspondante telles que $g_{ij} = \vec{e}_i.\vec{e}_j = const$ afin de pouvoir utiliser (4.9).
  – On résout la première équation de Cartan en utilisant (4.9) et on obtient alors les six 1-formes de connexion affine $\tilde{\omega}_j^i$.
  – On utilise ces 2-formes afin de calculer les six 2-formes de courbure $\tilde{\theta}_j^i = \tilde{d}\tilde{\omega}_j^i + \tilde{\omega}_j^i \wedge \tilde{\omega}_j^l$ et la deuxième équation de structure afin d'obtenir les composantes du tenseur de courbure de Riemann dans la base choisie.

4.1.4   Application de la méthode de Cartan

Nous allons montrer les premiers pas du calcul dans la base de Cartan canonique, c'est-à-dire celle où un maximum de constantes de structure valent 0 ou ± 1, des formes différentielles $\{\tilde{\omega}^i\}$ invariantes sous SO(3) et qui engendrent l'espace homogène de type IX de Bianchi, des composantes du tenseur de courbure de Riemann en appliquant la méthode de Cartan. Pour cela, nous écrivons la métrique sous la forme :

$$ds^2 = -dt^2 + e^{2\alpha}(\tilde{\omega}^1)^2 + e^{2\beta}(\tilde{\omega}^2)^2 + e^{2\gamma}(\tilde{\omega}^3)^2$$

où les fonctions α, β et γ ne dépendent que de t et les ω^i sont les 1-formes définissant l'espace homogène de Bianchi de type IX :

$$\tilde{\omega}_0 = \tilde{d}t$$

$$\tilde{\omega}_1 = -sin(z)\tilde{dx} + sin(x)cos(z)\tilde{dy}$$
$$\tilde{\omega}_2 = cos(z)\tilde{dx} + sin(x)sin(z)\tilde{dy}$$
$$\tilde{\omega}_3 = cos(x)\tilde{dy} + \tilde{dz}$$

On calcule alors que :

$$\tilde{d}\tilde{\omega}_0 = 0$$
$$\tilde{d}\tilde{\omega}_1 = -cos(z)\tilde{dz} \wedge \tilde{dx} + cos(x)cos(z)\tilde{dx} \wedge \tilde{dy} - sin(x)sin(z)\tilde{dz} \wedge \tilde{dy}$$
$$\tilde{d}\tilde{\omega}_2 = -sin(z)\tilde{dz} \wedge \tilde{dx} + cos(x)sin(z)\tilde{dx} \wedge \tilde{dy} - sin(x)cos(z)\tilde{dz} \wedge \tilde{dy}$$
$$\tilde{d}\tilde{\omega}_3 = -sin(x)\tilde{dx} \wedge \tilde{dy}$$

d'où

$$\tilde{d}\tilde{\omega}^1 = \tilde{\omega}^2 \wedge \tilde{\omega}^3$$
$$\tilde{d}\tilde{\omega}^2 = \tilde{\omega}^3 \wedge \tilde{\omega}^1$$
$$\tilde{d}\tilde{\omega}^3 = \tilde{\omega}^1 \wedge \tilde{\omega}^2$$

On choisit une nouvelle base de 1-forme telle que les fonctions métriques g_{ij} soient des constantes et une nouvelle coordonnée temporelle τ :

$$\tilde{\nu}^0 = \tilde{dt} = e^{\alpha+\beta+\gamma}\tilde{d}\tau$$
$$\tilde{\nu}^i = e^{\alpha_i}\tilde{\omega}^i$$

avec $i = 1, 2, 3$ et $\alpha_i = \alpha, \beta, \gamma$ et pas de sommation sur i. La métrique s'écrit alors :

$$ds^2 = -(\tilde{\nu}^0)^2 + (\tilde{\nu}^1)^2 + (\tilde{\nu}^2)^2 + (\tilde{\nu}^3)^2$$

et on calcule que :

$$\tilde{d}\tilde{\nu}^1 = \alpha'e^{-\alpha-\beta-\gamma}\tilde{\nu}^0 \wedge \tilde{\nu}^1 + e^{\alpha-\beta-\gamma}\tilde{\nu}^2 \wedge \tilde{\nu}^3$$
$$\tilde{d}\tilde{\nu}^2 = \beta'e^{-\alpha-\beta-\gamma}\tilde{\nu}^0 \wedge \tilde{\nu}^2 + e^{\beta-\alpha-\gamma}\tilde{\nu}^3 \wedge \tilde{\nu}^1$$
$$\tilde{d}\tilde{\nu}^3 = \gamma'e^{-\alpha-\beta-\gamma}\tilde{\nu}^0 \wedge \tilde{\nu}^3 + e^{\gamma-\alpha-\beta}\tilde{\nu}^1 \wedge \tilde{\nu}^2$$

On se sert maintenant de la première équation de Cartan sachant que par antisymétrie :

$$\tilde{\nu}^\eta_\eta = 0$$

$$\tilde{\nu}^0_\eta = \tilde{\nu}^\eta_0$$
$$\tilde{\nu}'^n_m = \tilde{\nu}^m_n$$

sars sommation sur $\eta = 0, 1, 2, 3$. La première équation de Cartan et le calcul des $\tilde{d}\tilde{\nu}^i$ ci-dessus permettent d'écrire :

$$
\begin{aligned}
-\tilde{d}\tilde{\nu}^0 &= \tilde{\nu}^0_1 \wedge \tilde{\nu}^1 + \tilde{\nu}^0_2 \wedge \tilde{\nu}^2 + \tilde{\nu}^0_3 \wedge \tilde{\nu}^3 = 0 \\
-\tilde{d}\tilde{\nu}^1 &= \tilde{\nu}^1_0 \wedge \tilde{\nu}^1 + \tilde{\nu}^1_2 \wedge \tilde{\nu}^2 + \tilde{\nu}^1_3 \wedge \tilde{\nu}^3 = -(\alpha' e^{-\alpha-\beta-\gamma}\tilde{\nu}^0 \wedge \tilde{\nu}^1 + e^{\alpha-\beta-\gamma}\tilde{\nu}^2 \wedge \tilde{\nu}^3) \\
-\tilde{d}\tilde{\nu}^2 &= \tilde{\nu}^2_0 \wedge \tilde{\nu}^0 + \tilde{\nu}^2_1 \wedge \tilde{\nu}^1 + \tilde{\nu}^2_3 \wedge \tilde{\nu}^3 = -(\beta' e^{-\alpha-\beta-\gamma}\tilde{\nu}^0 \wedge \tilde{\nu}^2 + e^{\beta-\alpha-\gamma}\tilde{\nu}^3 \wedge \tilde{\nu}^1) \\
-\tilde{d}\tilde{\nu}^3 &= \tilde{\nu}^3_0 \wedge \tilde{\nu}^0 + \tilde{\nu}^3_1 \wedge \tilde{\nu}^1 + \tilde{\nu}^3_2 \wedge \tilde{\nu}^2 = -(\gamma' e^{-\alpha-\beta-\gamma}\tilde{\nu}^0 \wedge \tilde{\nu}^3 + e^{\gamma-\alpha-\beta}\tilde{\nu}^1 \wedge \tilde{\nu}^2)
\end{aligned}
$$

En examinant ce système d'équation, il vient que :

$$
\begin{aligned}
\tilde{\nu}^1_0 &= \alpha' e^{-\alpha-\beta-\gamma}\tilde{\nu}^1 \\
\tilde{\nu}^2_0 &= \beta' e^{-\alpha-\beta-\gamma}\tilde{\nu}^2 \\
\tilde{\nu}^3_0 &= \gamma' e^{-\alpha-\beta-\gamma}\tilde{\nu}^3 \\
\tilde{\nu}^1_2 &= \frac{1}{2}e^{-\alpha-\beta-\gamma}(e^{2\alpha} + e^{2\beta} - e^{2\gamma})\tilde{\nu}^3 \\
\tilde{\nu}^3_1 &= \frac{1}{2}e^{-\alpha-\beta-\gamma}(e^{2\alpha} - e^{2\beta} + e^{2\gamma})\tilde{\nu}^2 \\
\tilde{\nu}^2_3 &= \frac{1}{2}e^{-\alpha-\beta-\gamma}(-e^{2\alpha} + e^{2\beta} + e^{2\gamma})\tilde{\nu}^1
\end{aligned}
$$

Afin de se servir de la deuxième équation de Cartan, on calcule les différentielles extérieures des $\tilde{\nu}^i_j$ ainsi que leur produits extérieurs dont on extrait les 2 formes de coubure :

$$\tilde{\theta}^u_v = \tilde{d}\tilde{\nu}^u_v + \tilde{\nu}^u_s \wedge \tilde{\nu}^s_v = \frac{1}{2}R^u_{vst}\tilde{\nu}^s \wedge \tilde{\nu}^t \text{ avec u, v, s et t variant de 0 à 3.}$$

Par identification, on obtient donc les composantes du tenseur de Riemann. Dans ce qui suit, nous ommetrons les tildes sur les 1-formes afin d'alléger l'écriture.

4.2 Le formalisme Lagrangien

Sachant désormais calculer le tenseur de courbure d'un espace homogène, nous allons voir brièvement comment établir les équations de champs d'une théorie tenseur-scalaire spécifiée "classiquement" par un Lagrangien. Dans la section suivante, nous

nous intéresserons à la détermination des équations de champ dans le formalisme Hamiltonien. Plus rarement utilisé, c'est ce dernier qui nous servira à étudier l'isotropisation des modèles de Bianchi.

4.2.1 Forme Générale des équations de champs

L'action d'une théorie tenseur-scalaire peut être écrite de la manière suivante :

$$S = \int \left[G^{-1}R - \frac{1}{2}\frac{2\omega + 3}{\phi^2}\phi_{,\mu}\phi^{,\mu} - U + 16\pi L_m \right] \sqrt{-g}$$

L_m représente le Lagrangien d'un fluide parfait d'équation d'état $p = (\delta - 1)\rho$, où p et ρ sont respectivement la pression et la densité du fluide. G, ω et U sont trois fonctions du champ scalaire ϕ dont nous allons commenter la signification.

– G est la fonction de gravitation. Lorsqu'elle est une constante, on dit que le ***champ scalaire est minimalement couplé.***

– ω est la ***fonction de couplage de Brans-Dicke.*** Elle représente le couplage du champ scalaire avec la métrique et est ainsi appelée car lorsqu'elle vaut une constante, on retrouve le couplage de la théorie de Jordan, Brans et Dicke.

– U est le potentiel et représente le couplage du champ avec lui même. Lorsque $U \neq 0$, on dit que le ***champ scalaire est massif.***

Cette action n'est pas la plus générale qu'il soit pour une théorie tenseur-scalaire mais est représentative de la plupart des théories étudiées dans la littérature. Ainsi :

– La théorie de la Relativité Générale avec une constante cosmologique et un fluide parfait, souvent considérée comme le modèle capable de décrire notre Univers actuel, est tel que G représente la constante de gravitation, ω n'apparaît pas dans l'action et $U = 2\Lambda$, Λ étant la constante cosmologique.

– La théorie de Brans-Dicke est retrouvée pour $G = \phi^{-1}$ et $\omega = const$. Cette théorie a été initialement imaginée pour obtenir une théorie relativiste de la gravitation compatible avec les idées de Mach et est telle que la fonction de gravitation varie comme l'inverse du champ scalaire.

– La théorie des cordes à basse énergie sans son tenseur antisymétrique est définie par $G = e^\phi$ et $3 + 2\omega = \phi e^{-\phi}$

En variant l'action par rapport aux fonctions métriques, on obtient les équations de champs :

$$R_{\mu\nu} - \frac{1}{2}g_{\mu\nu}R = G[\frac{1}{2}\frac{2\omega + 3}{\phi^2}\phi_{,\mu}\phi_{,\nu} - \frac{1}{2}\frac{2\omega + 3}{2\phi^2}\phi_{,\lambda}\phi^{\lambda}g_{\mu\nu} + (G^{-1})_{,\mu;\nu} -$$

$$g_{\mu\nu}\Box(G^{-1}) - \frac{1}{2}Ug_{\mu\nu} + \frac{8\pi}{c^4}T_{\mu\nu}]$$

La courbure scalaire R vaut :

$$R = G\left[\frac{1}{2}\frac{2\omega + 3}{\phi^2}\phi_\lambda\phi^\lambda + 3\Box G^{-1} + 2U - \frac{8\pi}{c^4}T\right]$$

On en déduit une forme alternative des équations de champs :

$$R_{\mu\nu} = G\left[\frac{1}{2}\frac{2\omega + 3}{\phi^2}\phi_{,\mu}\phi_{,\nu} + G^{-1}_{,\mu;\nu} + \frac{1}{2}g_{\mu\nu}\Box G^{-1} + \frac{1}{2}g_{\mu\nu}U + \frac{8\pi}{c^4}(T_{\mu\nu} - \frac{1}{2}g_{\mu\nu}T)\right]$$

(4.10)

L'équation de Klein-Gordon est obtenue en variant l'action par rapport au champ scalaire, ce qui nous donne :

$$GG^{-1}_\phi(\frac{1}{2}\frac{2\omega + 3}{\phi^2}\phi_{,\lambda}\phi^{,\lambda} + 3\Box G^{-1} + 2U - \frac{8\pi}{c^4}T) + (-\frac{\omega_\phi}{\phi^2} - \frac{3+2\omega}{\phi^2})\phi_{,\lambda}\phi^{,\lambda} -$$
$$U_\phi + \frac{2\omega + 3}{\phi^2}\Box\phi = 0$$

(4.11)

4.2.2   Equations de champs pour les modèles de Bianchi de la classe A

Introduisant les différentes métriques des modèles de Bianchi de la classe A qui s'écrivent sous la forme

$$ds^2 = e^{2\alpha+2\beta+2\gamma}d\tau^2 + e^{2\alpha}(\omega^1)^2 + e^{2\beta}(\omega^2)^2 + e^{2\gamma}(\omega^3)^2$$

dans les équations de champs (4.10), il vient :

$$\alpha''G^{-1} + \alpha'(G^{-1})' + (1/2G^{-1})'' - e^{6\Omega}\left[1/2U + 4\pi(2-\delta)\rho_0 V^{-3\delta}\right] = G^{-1}C_{Lag_1}$$
$$\beta''G^{-1} + \beta'(G^{-1})' + 1/2(G^{-1})' - e^{6\Omega}\left[1/2U + 4\pi(2-\delta)\rho_0 V^{-3\delta}\right] = G^{-1}C_{Lag_2}$$
$$\gamma''G^{-1} + \gamma'(G^{-1})' + 1/2(G^{-1})'' - e^{6\Omega}\left[1/2U + 4\pi(2-\delta)\rho_0 V^{-3\delta}\right] = G^{-1}C_{Lag_3}$$

$$\alpha'\beta' + \alpha'\gamma' + \beta'\gamma' + 3(\alpha' + \beta' + \gamma')GG^{-1,} - 1/2GV^2U - \frac{1}{4}G(3+2\omega)\frac{\phi'^2}{\phi^2}$$
$$-8\pi\rho_0 GV^{2-\delta} = C_{Lag_4}$$

où V représente le 3-volume de l'Univers $e^{\alpha+\beta+\gamma}$ et ou la densité d'énergie du fluide parfait a été calculé en utilisant son équation de conservation et s'écrit :

$$\rho = V^{-3\delta}$$

Les C_{Lag_i} représentent les potentiels de courbure des différents modèles de Bianchi de classe A et sont reproduits dans le tableau 4.1.

I	$C_{Lag_i} = 0$
II	$-C_{Lag_1} = C_{Lag_2} = C_{Lag_3} = 2C_{Lag_4} = \frac{1}{2}e^{4\alpha}$
VI_0 et VII_0	$-C_{Lag_1} = +C_{Lag_2} = \frac{1}{2}(e^{4\alpha} - e^{4\beta})$, $C_{Lag_3} = 2C_{Lag_4} = \frac{1}{2}(e^{2\alpha} \pm e^{2\beta})^2$
VIII et IX	$C_{lag_1} = \frac{1}{2}\left[(e^{2\beta} \pm e^{2\gamma})^2 - e^{4\alpha}\right]$, $C_{lag_2} = \frac{1}{2}\left[(e^{2\alpha} \pm e^{2\gamma})^2 - e^{4\beta}\right]$ $C_{lag_3} = \frac{1}{2}\left[(e^{2\alpha} - e^{2\beta})^2 - e^{4\gamma}\right]$ $C_{lag_4} = \frac{1}{4}\left[e^{4\alpha} + e^{4\beta} + e^{4\gamma} - 2(e^{2(\alpha+\beta)} \mp e^{2(\alpha+\gamma)} \mp e^{2(\beta+\gamma)})\right]$

TABLE 4.1 – Les potentiels de courbure des modèles de Bianchi pour le formalisme Lagrangien

4.3 Le formalisme hamiltonien ADM

Il existe trois formulations hamiltoniennes principales de la relativité générale : ce sont les approches d'Arnowitt, Deser et Misner (ADM), de Dirac et de Kuchař. La méthode ADM choisit de résoudre les contraintes primaires qui proviennent du lagrangien singulier de la théorie et développe ensuite la formulation hamiltonienne en utilisant seulement les variables indépendantes dans l'espace de phases. Il faut cependant souligner que dans le cadre général des théories de jauge, cette manière de procéder ne peut être considérée comme idéale : elle occulte en effet généralement la covariance vis-à-vis de symétries du groupe de Poincaré et, dans le cas de contraintes reliées à une invariance de jauge locale, elle ne parvient pas toujours à mettre en relief clairement certains aspects de l'invariance de jauge. Dans le contexte qui nous intéresse ici, la résolution ADM des contraintes simplifie grandement le formalisme (qui ne comporte plus de degrés de liberté redondants) ainsi que l'interprétation physique des résultats obtenus (ceci est particulièrement intéressant pour l'étude de l'influence de la courbure spatiale sur l'approche asymptotique de la singularité de modèles anisotropes). L'approche de Dirac découle directement de la théorie de Dirac des systèmes contraints et incorpore, sans les résoudre, les contraintes dans le formalisme ; elle est particulièrement adaptée à la quantification canonique de la théorie. Quant à la formulation de Kuchař, également intéressante au niveau de la quantification, elle place l'accent sur la signification géométrique de la formulation hamiltonienne de la relativité générale. Nous suivons ici la méthode ADM.

La démonstration des résultats ADM est particulièrement laborieuse ; on ne trouve pas souvent, dans la littérature, ces calculs effectués explicitement. L'appendice B du mémoire de licence de G. Rossi (*Formalisme hamiltonien en relativité générale et en cosmologie*, Université de Liège, Faculté des sciences, Institut de mathématiques, 1973-1974), dirigé par J. Demaret, indique les principales étapes techniques. Des notes non publiées de P. Tombal et de A. Moussiaux (*Le formalisme hamiltonien en relativité générale (première version)*, Facultés universitaires Notre-Dame de la Paix, Namur) et un document également non publié de C. Scheen (*Introduction au formalisme hamiltonien ADM de la relativité générale*, Université de Liège, Institut d'astrophysique et de géophysique, 1992-1993), plus systématique et complet, présentent tous les détails de calcul. Je remercie tout particulièrement le docteur Christian Scheen qui a corrigé cette section. qui s'inspire de ces trois travaux et propose un résumé des étapes les plus techniques.

Le formalisme hamiltonien présente plusieurs avantages sur le formalisme lagrangien. Il permet d'écrire les équations de champs sous la forme d'un système du premier ordre au lieu du second et l'interprétation physique des résultats y est plus facile comme le montre par exemple la clarté de l'approche chaotique de la singularité expliquée par Misner en utilisant le formalisme ADM par rapport à celle utilisée par Belinskii-Khalatnikov-Lifshitz(BKL) avec le formalisme lagrangien.

Dans un premier temps, nous allons rechercher la forme hamiltonienne de l'action de la relativité générale :

$$S = \int_M R\sqrt{-g}\, d^4x \qquad (4.12)$$

que nous généraliserons au cas de la présence d'un champ scalaire.

La relativité générale est l'exemple typique d'une théorie qui a la propriété de covariance pour tout changement de coordonnées dans l'espace-temps ; on dit encore qu'elle est paramétrisée *a priori*. En théorie hamiltonienne classique, il est possible d'inclure la variable temporelle dans les variables dynamiques ; la paramétrisation de cette théorie fait apparaître des contraintes et le problème variationnel est d'extrémaliser une forme de l'action où ces contraintes sont introduites *via* des multiplicateurs de Lagrange. Manifestement, l'action (4.12) ne se trouve pas sous une forme appropriée – les contraintes n'apparaissent pas explicitement. En outre, dans le cadre du formalisme hamiltonien, le temps, séparé des autres variables, est considéré comme un paramètre. La première chose à faire est donc de réécrire l'action (4.12) en scindant l'espace et le temps, c'est-à-dire en utilisant une décomposition $3 + 1$ de l'espace-temps. Ce faisant, nous verrons que l'action peut s'écrire sous la forme hamiltonienne ADM :

$$S = \int \left[-g_{ij}\frac{\partial \pi^{ij}}{\partial t} - NC_0 - N^iC_i - 2\left(\pi^{ij}N_j - \frac{1}{2}N^i\mathrm{Tr}(\pi) + N^{|i}\sqrt{g}\right)_{,i} \right] d^4x \quad (4.13)$$

qui nous permettra de déduire les contraintes hamiltoniennes.

4.3.1 Ecriture de l'action des théories tenseurs-scalaires à l'aide de la décomposition $3 + 1$ de l'espace-temps

Décomposition $3 + 1$ de l'espace temps

La décomposition $3+1$ de l'espace-temps consiste à le séparer en une série d'hypersurfaces spatiales paramétrisées par la variable temporelle t. Commençons par définir les fonctions *lapse* et *shift*.

Soit deux hypersurfaces $\Sigma(t)$ et $\Sigma(t + dt)$ représentées sur la figure 4.1 et leurs 3-métriques, respectivement $^{(3)}g_{ij}(t, x^k)\, dx^i\, dx^j$ et $^{(3)}g_{ij}(t + dt, x^k)\, dx^i\, dx^j$. Soit le point P_1 de coordonnées (x^i, t) sur $\Sigma(t)$. Nous définissons le point P_2 comme étant l'intersection de $\Sigma(t + dt)$ et de la normale à $\Sigma(t)$ en P_1. L'intervalle de temps propre $d\tau = N\, dt$ entre P_1 et P_2 définit alors la *fonction lapse* $N(x_k, t)$. Définissons le point P_3 de $\Sigma(t + dt)$ comme étant le point de cette hypersurface possédant les mêmes coordonnées spatiales que le point P_1. Le point P_3 a donc pour coordonnées $(x^i, t + dt)$ et le point P_2, les coordonnées $(x^i - N^i\, dt, t + dt)$. Le vecteur qui relie P_2 et P_3 définit alors les *fonctions shift* $N^i(x_k, t)$. Soit le point P_4 de $\Sigma(t + dt)$ de coordonnées $(x^i + dx^i, t + dt)$ et le point P_6 de $\Sigma(t)$ possédant les mêmes coordonnées spatiales que le point P_4, soit $(x^i + dx^i, t)$. On définit P_5 comme étant l'intersection de la normale de $\Sigma(t + dt)$ en P_4 avec $\Sigma(t)$. Les coordonnées de P_5 sont alors $(x^i + dx^i + N^i\, dt, t)$.

On peut désormais exprimer l'intervalle de longueur ds^2 entre les points P_1 et P_4 à l'aide de la 3-métrique $^{(3)}g_{ij}$ en termes des fonctions *shift* et *lapse*. Ecrivant le théorème de Pythagore dans le 4-espace non euclidien de signature $(-, +, +, +)$, il vient :

$$
\begin{aligned}
ds^2 &= {}^{(4)}g_{\alpha\beta}\, dx^\alpha\, dx^\beta \\
&= {}^{(3)}g_{ij}(x^k, t)(x^i(P_5) - x^i(P_1))(x^j(P_5) - x^j(P_1)) - d\tau^2 \\
&= {}^{(3)}g_{ij}(x^k, t)(dx^i + N^i\, dt)(dx^j + N^j\, dt) - N^2\, dt^2
\end{aligned}
$$

ce qui nous donne pour la métrique :

$$
{}^{(4)}g_{\alpha\beta} = \begin{pmatrix} {}^{(4)}g_{00} & {}^{(4)}g_{0j} \\ {}^{(4)}g_{0i} & {}^{(4)}g_{ij} \end{pmatrix} = \begin{pmatrix} -N^2 + {}^{(3)}g_{ij}N^iN^j & {}^{(3)}g_{ij}N^i \\ {}^{(3)}g_{ij}N^j & {}^{(3)}g_{ij} \end{pmatrix}
$$

soit, en posant $N_i \doteq {}^{(3)}g_{ij}N^j$:

$$
{}^{(4)}g_{\alpha\beta} = \begin{pmatrix} N_kN^k - N^2 & N_j \\ N_i & {}^{(3)}g_{ij} \end{pmatrix} \tag{4.14}
$$

et en servant du fait que $^{(4)}g_{\alpha\beta}{}^{(4)}g^{\beta\gamma} = \delta_\alpha^\gamma$:

$$
{}^{(4)}g^{\alpha\beta} = \begin{pmatrix} -N^{-2} & N_jN^{-2} \\ N_iN^{-2} & {}^{(3)}g_{ij} - N^iN^jN^{-2} \end{pmatrix} \tag{4.15}
$$

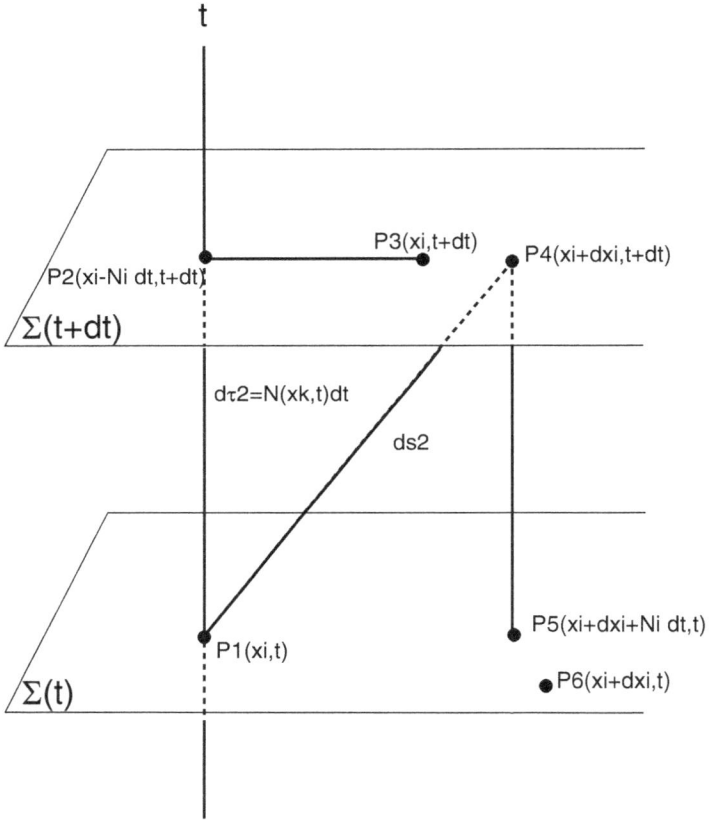

FIGURE 4.1 – La décomposition $3 + 1$ de l'espace temps.

Pour calculer le déterminant $^{(4)}g$ de la 4-métrique, on peut se servir du théorème de Frobenius-Schur qui montre que si A, B, C et D sont quatre matrices carrées, le déterminant de la matrice :

$$\Delta \equiv \begin{pmatrix} A & B \\ C & D \end{pmatrix} \tag{4.16}$$

est $\det(\Delta) = \det(D)\det(A - BD^{-1}C)$. On en déduit donc que :

$$\sqrt{-^{(4)}g} = N\sqrt{^{(3)}g} \tag{4.17}$$

Avant de poursuivre, il nous faut définir le concept de *courbure extrinsèque* qui caractérise la courbure d'une hypersurface immergée dans une variété de dimension supérieure (par exemple d'une hypersurface spatiale que l'on plonge dans une 4-géométrie). La courbure extrinsèque caractérise la manière dont une variété est incluse dans un espace de dimension supérieure. Par exemple, une feuille de papier à deux dimensions que l'on tord dans un espace à trois dimensions possède une courbure extrinsèque relativement à cet espace. Au contraire, notre Univers possède une *courbure intrinsèque* qui ne nécessite pas de dimensions supplémentaires pour être définie. Dans le cas qui nous intéresse ici, la courbure extrinsèque d'une hypersurface spatiale est une mesure de la variation de direction de la normale $\vec{n}$ à l'hypersurface $\Sigma(t)$ entre deux points infiniment voisins sur $\Sigma(t)$ et est définie par :

$$K_{ij} \doteq -n_{i;j} = -\vec{e}_j \cdot \nabla_i \vec{n} \tag{4.18}$$

Les relations de Gauss-Weingarten et de Gauss-Codazzi : réécriture de l'action

Dès que la courbure extrinsèque est connue, on peut exprimer la dérivée covariante des vecteurs de base $\vec{e}_j$ de l'hypersurface spatiale Σ dans l'espace-temps, en termes de quantités qui dépendent de Σ seule. Ce sont les relations de Gauss-Weingarten qui s'écrivent :

$$^{(4)}\nabla_i \vec{e}_j = -K_{ij}\vec{n} + {}^{(3)}\Gamma_{ij}^k \vec{e}_k \tag{4.19}$$

Les relations de Gauss-Codazzi, quant à elles, tentent d'exprimer la courbure intrinsèque de l'espace-temps en fonction des courbures intrinsèque et extrinsèque de l'hypersurface. Elles s'expriment comme :

$$^{(4)}R_{ijk}^0 = K_{ik|j} - K_{ij|k} \tag{4.20}$$

$$^{(4)}R_{mijk} = -(K_{ij}K_{mk} - K_{ik}K_{mj}) + {}^{(3)}R_{mijk} \tag{4.21}$$

$$^{(4)}R_{i0k0} = K_{ik,n} + K_k^m K_{im} \tag{4.22}$$

où | désigne la dérivée covariante dans l'hypersurface. Ces relations nous permettent de réécrire la courbure scalaire en fonction des courbures intrinsèque et extrinsèque de l'hypersurface. En effet, on peut écrire :

$$^{(4)}R = {}^{(4)}R_{ij}^{ij} - 2{}^{(4)}R_{0j0}^{j}$$

Le membre de droite ne contenant que des termes explicités par les relations de Gauss-Codazzi et définissant $\text{Tr}(K^2) \doteq K^{jk}K_{jk}$ et $K \doteq K_i^i \doteq \text{Tr}(K)$, on calcule que :

$$^{(4)}R_{ij}^{ij} = g^{ik}g^{jm\,(4)}R_{kmij} = {}^{(3)}R - \text{Tr}(K^2) + K^2$$

et :

$$^{(4)}R_{0j0}^{j} = g^{jk\,(4)}R_{k0j0} = K_{,n} + \text{Tr}(K^2) - K_{kj}g_{,n}^{jk}$$

Comme, de plus, on peut montrer que :

$$g_{,n}^{jk} = 2K^{jk}$$

il vient alors pour la courbure scalaire :

$$^{(4)}R = {}^{(3)}R + \text{Tr}(K^2) + K^2 - 2K_{,n} \tag{4.23}$$

Se servant de cette dernière relation et de (4.17), nous pouvons réécrire l'action (4.12) de Hilbert de la manière suivante :

$$S = \int_M N\sqrt{{}^{(3)}g}\,\big({}^{(3)}R + \text{Tr}(K^2) - K^2\big)\,d^4x - 2N \int_{\partial M} K\sqrt{{}^{(3)}g}\,d^3x \tag{4.24}$$

Le terme de surface peut être éliminé en imposant des conditions spécifiques à la frontière de la variété ou en ajoutant à l'action de départ un autre terme de surface compensant celui de (4.24) – dans ce dernier cas, on élimine le terme de surface en prenant comme action de départ :

$$S = \int_M {}^{(4)}R\sqrt{-{}^{(4)}g}\,d^4x + 2 \int_{\partial M} K\sqrt{{}^{(3)}g}\,d^3x \tag{4.25}$$

Dans le cas d'espaces fermés, l'élimination du terme de surface ne pose aucun problème (il est sans influence sur les équations de champs lorsque l'on varie la géométrie à l'intérieur de la surface frontière de la variété). Pour des espaces ouverts asymptotiquement plats, par contre, il est nécessaire d'ajouter un terme de surface. Quoi qu'il en soit, de la façon dont on se débarrasse de ce terme de surface, on obtient :

$$S = \int_M N\sqrt{{}^{(3)}g}\,\big({}^{(3)}R + \text{Tr}(K^2) - K^2\big)\,d^4x \tag{4.26}$$

Dans ce qui suit, nous allons réécrire l'action (4.25) à l'aide de la décomposition $3 + 1$.

Ecriture de l'action sous la forme $3 + 1$

Afin d'écrire l'action ci-dessus sous la forme d'une décomposition $3+1$, il nous faut réaliser cette transformation pour :

1. les symboles de Christoffel qui s'écrivent :

$$\Gamma^{\gamma}_{\alpha\beta} = \frac{1}{2} g^{\gamma\delta} (g_{\alpha\delta,\beta} + g_{\delta\beta,\alpha} - g_{\alpha\beta,\delta})$$

2. le tenseur de Ricci qui s'écrit :

$$^{(4)}R_{ij} = \Gamma^{\alpha}_{ij,\alpha} - \Gamma^{\alpha}_{i\alpha,j} + \Gamma^{\alpha}_{ij}\Gamma^{\beta}_{\alpha\beta} - \Gamma^{\alpha}_{i\beta}\Gamma^{\beta}_{j\alpha}$$

3. la courbure scalaire qui s'écrit $^{(4)}R = {}^{(4)}R^{\alpha}_{\alpha}$, et donc l'action.

Afin d'écrire les symboles de Christoffel Γ, nous introduisons la définition suivante :

$$\xi^{j} \doteq \frac{N^{j}}{N}$$

et définissons les composantes du tenseur Λ, les 3-symboles de Christoffel relatifs à l'hypersurface, comme :

$$\Lambda^{j}_{ik} \doteq \frac{1}{2} {}^{(3)}g^{jm} ({}^{(3)}g_{im,k} + {}^{(3)}g_{mk,i} - {}^{(3)}g_{ik,m})$$

Après de longs calculs, on obtient les formes suivantes des symboles de Christoffel :

$$\Gamma^{0}_{00} = \frac{1}{N}\partial_0 N + N_{|i}\xi^i - N\xi^i\xi^j K_{ij}$$

$$\Gamma^{i}_{00} = N\gamma^{ij}\partial_0\xi_j + \frac{1}{2}\gamma^{ij}\left[N^2(1 - \xi_m\xi^m)\right]_{,j} - NN_{|j}\xi^i\xi^j + N^2\xi^i\xi^j\xi^k K_{jk}$$

$$\Gamma^{j}_{ik} = \Lambda^{j}_{ik} + \xi^j K_{ik}$$

$$\Gamma^{0}_{0i} = \frac{N_{|i}}{N} - K_{ij}\xi^j$$

$$\Gamma^{j}_{i0} = N(-K^j_i + \xi^j_{|i} + \xi^j K_{im}\xi^m)$$

On les injecte alors dans l'expression des composantes spatiales du tenseur de Ricci $^{(4)}R_{ij}$ qui s'expriment en fonction des symboles de Christoffel comme :

$$^{(4)}R_{ij} = \Gamma^{\alpha}_{ij,\alpha} - \Gamma^{\alpha}_{i\alpha,j} + \Gamma^{\alpha}_{ij}\Gamma^{\beta}_{\alpha\beta} - \Gamma^{\alpha}_{i\beta}\Gamma^{\beta}_{j\alpha}$$

Il vient donc :

$$\begin{aligned}
^{(4)}R_{ij} = {} & {}^{(3)}R_{ij} - \frac{1}{N}\partial_0 K_{ij} - \frac{1}{N}(N_{|ij} - N_{|i}K_{jk}\xi^k - N_{|j}K_{ik}\xi^k) \\
& + K_{ij}K - 2K_{ik}K^k_j + K_{ik}\xi^k_{|j} + K_{jk}\xi^k_{|i} + \xi^k K_{ij|k}
\end{aligned} \tag{4.27}$$

où $^{(3)}R_{ij}$ est le tenseur de Ricci d'une hypersurface et est donc défini de manière conventionnelle en fonction de ses symboles de Christoffel :

$$^{(3)}R_{ij} = \Lambda_{ij,k}^k - \Lambda_{ik,j}^k + \Lambda_{ij}^k \Lambda_{kl}^l - \Lambda_{il}^k \Lambda_{jk}^l$$

Pour poursuivre notre calcul, nous devrions également écrire explicitement les composantes $^{(4)}R_{0i}$ et $^{(4)}R_{00}$ du tenseur de Ricci. Cependant, ces calculs sont nettement plus laborieux que ceux qui conduisent aux composantes purement spatiales (4.27) du tenseur de Ricci. En fait, il suffit d'utiliser un système de référence qui simplifie le calcul sans pour autant occulter les informations relatives à la liberté de choix du système de référence, en relativité générale. Nous utiliserons le système de référence défini par les relations :

$$\vec{n} \doteq \frac{1}{N}\frac{\partial}{\partial t} - \frac{N^i}{N}\frac{\partial}{\partial x^i}$$
$$\vec{e}_i \doteq \frac{\partial}{\partial x^i}$$

Dans ce système particulier, on a $g_{nn} = \vec{n}\cdot\vec{n} = -1$, $g_{ni} = \vec{n}\cdot\vec{e}_i = 0$, $g_{ij} = \vec{e}_i\cdot\vec{e}_j$. La courbure scalaire $^{(4)}R$ s'écrit alors $^{(4)}R = 2G_n^n + 2g^{ij\,(4)}R_{ij}$, où $G_{\alpha\beta}$ désigne le tenseur d'Einstein. En vertu des relations de Gauss-Codazzi (4.21), on obtient :

$$G_n^n = -\frac{1}{2}(^{(3)}R + K^2 - K_{ij}K^{ij})$$

On introduit cette expression et (4.27) dans la courbure scalaire donnée par $^{(4)}R = 2G_n^n + 2g^{ij\,(4)}R_{ij}$, afin d'obtenir :

$$\begin{aligned}^{(4)}R &= {}^{(3)}R + K^2 - K_{ij}K^{ij} - \frac{2}{N}g^{ij}\partial_0 K_{ij} - \frac{2}{N}N^{|i}_{\ |i} + \frac{4}{N}N_{|i}K_k^i\xi^k \\ &\quad -2K_{ij}K^{ij} + 4K_k^i\xi_{|i}^k + 2g^{ij}K_{ij|k}\xi^k\end{aligned}$$

où $^{(3)}R$ est le scalaire de courbure relatif à l'hypersurface ; il s'exprime comme :

$$^{(3)}R = 2^{(3)}R_{12}^{12} + 2^{(3)}R_{13}^{13} + 2^{(3)}R_{23}^{23}$$

Finalement, l'action dans la décomposition $3+1$ prendra la forme suivante :

$$\begin{aligned}S = \int_M d^4x\,\sqrt{g}\Big[&-g^{ij}\frac{\partial K_{ij}}{\partial t} - \frac{\partial K}{\partial t} + N(^{(3)}R + K^2 - K_{ij}K^{ij}) + 2N^i\delta_i^j K_{|j} \\ &-2N^{|i}_{\ |i} + 2N^{|i}K_{ij}\xi^j + 2NK_{ij}\xi^{j|i}\Big]\end{aligned} \qquad (4.28)$$

4.3.2 Identification de la forme $3 + 1$ de l'action avec sa forme dans le formalisme hamiltonien

Nous désirons maintenant démontrer l'équivalence entre la forme (4.28) de l'action et sa forme adaptée au formalisme hamiltonien :

$$S = \int_M d^4x \left[-g_{ij} \frac{\partial \pi^{ij}}{\partial t} - N C_0 - N^i C_i - 2 \left(\pi^{ij} N_j - \frac{1}{2} N^i \text{Tr}(\pi) + N^{|i} \sqrt{g} \right)_{,i} \right] \quad (4.29)$$

Pour cela, nous définissons les moments canoniquement conjugués π^{ij} :

$$\pi^{ij} \doteq \sqrt{g}(g^{ij} K - K^{ij}) \quad (4.30)$$

et introduisons le superhamiltonien comme :

$$C_0 = - \left({}^{(3)}R + K^2 - K_{ij} K^{ij} \right) \sqrt{g} = -\sqrt{g}\,{}^{(3)}R + \sqrt{g}(K_{ij} K^{ij} - K^2) \quad (4.31)$$

Or, on calcule que :

$$K_{ij} K^{ij} - K^2 = \frac{1}{g} \left[\text{Tr}(\pi^2) - \frac{1}{2}(\text{Tr}(\pi))^2 \right]$$

et par conséquent, il vient :

$$C_0 = -\sqrt{g}\,{}^{(3)}R + \frac{1}{\sqrt{g}} \left[\text{Tr}(\pi^2) - \frac{1}{2}(\text{Tr}(\pi))^2 \right] \quad (4.32)$$

D'autre part, on peut également montrer que :

$$-g_{ij} \frac{\partial \pi^{ij}}{\partial t} = \sqrt{g} \left(-g^{ij} \frac{\partial K_{ij}}{\partial t} - \frac{\partial K}{\partial t} \right) \quad (4.33)$$

Enfin, on introduit les supermoments C_i via :

$$-N_i C^i = -2N^i (K_i^j - \delta_i^j K)_{|j} \sqrt{g} = 2N^i [-\sqrt{g}(K_i^j - \delta_i^j K)]_{|j} \quad (4.34)$$

que l'on peut réécrire :

$$\begin{aligned} C_i &= -2\pi^j_{i|j} = 2\sqrt{g}(K_i^j - \delta_i^j K)_{|j} \\ C^i &= -2\pi^{ij}_{|j} = 2\sqrt{g}(K^{ij} - g^{ij} K)_{|j} \end{aligned}$$

En insérant l'ensemble de ces résultats dans l'action (4.29), on retrouve bien, après quelques calculs supplémentaires, l'action écrite à l'aide de la décomposition $3 + 1$.

4.3.3 Formulation des contraintes ADM de la relativité générale

Les moments canoniques π^{ij} sont naturellement définis par :

$$\pi^{ij} \doteq \frac{\delta L}{\delta \dot{g}_{ij}}$$

L étant le lagrangien. L'action du formalisme hamiltonien s'écrit :

$$S = \int_M \left(\pi^{ij} \frac{\partial g_{ij}}{\partial t} - NC_0 - N^i C_i \right) d^4x \qquad (4.35)$$

La démonstration de l'équivalence entre l'expression ci-dessus et la forme (4.12) de l'action revient à assurer l'équivalence entre les actions (4.26) et (4.13). Par conséquent, en variant (4.35) par rapport aux fonctions *lapse* et *shift*, les multiplicateurs de Lagrange, on obtient les contraintes :

$$C_0 = -\sqrt{g}^{(3)}R + \frac{1}{\sqrt{g}}\left[\text{Tr}(\pi^2) - \frac{1}{2}(\text{Tr}(\pi))^2 \right] = 0 \qquad (4.36)$$

$$C_i = -2\pi^j_{i|j} = 0 \qquad (4.37)$$

Les contraintes gouvernent la dynamique de la géométrie et constituent, dans le même temps, des conditions aux valeurs initiales. En raison des contraintes $C_\mu = 0$, il est impossible de choisir librement les champs $^{(3)}g_{ij}$ et π^{ij} sur l'hypersurface initiale $\Sigma(t_0)$. Les équations dynamiques dictent le changement de la géométrie intrinsèque et de la courbure extrinsèque d'une hypersurface lorsque l'on se déplace d'une hypersurface à une hypersurface voisine. Si les contraintes sont satisfaites sur $\Sigma(t_0)$ et si les champs canoniquement conjugués évoluent en vérifiant les équations dynamiques, alors les contraintes sont conservées dans le temps.

En vertu des contraintes, quatre des champs $^{(3)}g_{ij}$ et π^{ij} peuvent être exprimés en fonction des autres ; en outre, l'imposition des conditions de coordonnées fixe quatre des champs restants. Seules demeurent deux paires de variables canoniques ; le paragraphe suivant montre comment l'approche ADM se ramène à ces deux degrés de liberté physiques.

4.3.4 Formulation ADM des théories tenseurs-scalaires minimalement couplées et massives en l'absence de fluide parfait

Afin de savoir comment sont modifiées les équations de contraintes (4.36) et (4.37) en présence d'un champ scalaire, nous allons écrire la décomposition $3 + 1$ de la partie de l'action comprenant le champ scalaire :

$$S = \int \left[R - \frac{1}{2}\frac{2\omega + 3}{\phi^2} \phi_{,\mu}\phi^{,\mu} - U + 16\pi L_m \right] \sqrt{-^{(4)}g} \, d^4x$$

Dans un premier temps, nous réécrivons le terme contenant la fonction de couplage ω de Brans-Dicke de la manière suivante :

$$-(3/2 + \omega)\phi^{,\mu}\phi_{,\mu}\phi^{-2}\sqrt{-^{(4)}g} = (3/2 + \omega)\dot{\phi}^2\phi^{-2}N^{-1}\sqrt{g} \qquad (4.38)$$

En tenant compte de cette dernière expression, nous pouvons exprimer le moment conjugué du champ scalaire :

$$\pi_\phi \doteq \frac{\partial I}{\partial \dot{\phi}} = (3 + 2\omega)\dot{\phi}\phi^{-2}N^{-1}\sqrt{g} \tag{4.39}$$

où I est le Lagrangien de l'action ci-dessus. De cette dernière équation, on déduit :

$$\dot{\phi} = \pi_\phi \frac{N}{\sqrt{g}} \frac{\phi^2}{3 + 2\omega} \tag{4.40}$$

ce qui nous permet de réécrire (4.38) de la manière suivante :

$$
\begin{aligned}
-(3/2 + \omega)\phi^{,\mu}\phi_{,\mu}\phi^2\sqrt{^{(4)}g} &= \frac{(3/2 + \omega)}{\phi^2}\frac{1}{N}\sqrt{g}\pi_\phi^2\frac{N^2}{g}\frac{\phi^4}{(3 + 2\omega)^2} \\
&= \frac{1}{2}\frac{\phi^2}{3 + 2\omega}\frac{N}{\sqrt{g}}\pi_\phi^2
\end{aligned}
$$

A la contrainte (4.36) vont donc venir s'ajouter des termes $C_{0\phi}$ issus de la présence d'une fonction de couplage et d'un potentiel, $C_{0\phi}$ étant tel que :

$$\frac{1}{2}\frac{\phi^2}{3 + 2\omega}\frac{N}{\sqrt{g}}\pi_\phi^2 - NU\sqrt{g} = \pi_\phi\dot{\phi} - NC_{0\phi} \tag{4.41}$$

D'où, en se servant de l'expression de π_ϕ donnée par (4.39) et de $\dot{\phi}$, il vient :

$$
\begin{aligned}
C_{0\phi} &= -\frac{1}{2}\frac{\phi^2}{3 + 2\omega}\frac{1}{\sqrt{g}}\pi_\phi^2 + \pi_\phi\frac{\dot{\phi}}{N} + U\sqrt{g} \\
&= -\frac{1}{2}\frac{\phi^2}{3 + 2\omega}\frac{1}{\sqrt{g}}\pi_\phi^2 + \frac{\phi^2}{3 + 2\omega}\frac{1}{\sqrt{g}}\pi_\phi^2 + U\sqrt{g} \\
&= \frac{1}{2}\frac{\phi^2}{3 + 2\omega}\frac{1}{\sqrt{g}}\pi_\phi^2 + U\sqrt{g}
\end{aligned}
$$

La forme finale de la contrainte C_0, en tenant compte de la présence du champ scalaire, est donc :

$$C_0 = -\sqrt{g}^{(3)}R + \frac{1}{\sqrt{g}}\left[\text{Tr}(\pi^2) - \frac{1}{2}(\text{Tr}(\pi))^2\right] + \frac{1}{2}\frac{\phi^2}{3 + 2\omega}\frac{1}{\sqrt{g}}\pi_\phi^2 + U\sqrt{g}$$

Si l'on utilise la métrique suivante :

$$ds^2 = -N^2 d\Omega + R_0^2 e^{-2\Omega}\left(e^{\beta_+ + \sqrt{3}\beta_-}(\omega^1)^2 + e^{\beta_+ - \sqrt{3}\beta_-}(\omega^2)^2 + e^{-2\beta_+}(\omega^3)^2\right)$$

et la paramétrisation de Misner [28, 29] :

$$
\begin{aligned}
p_k^i &= 2\pi\pi_k^i - \frac{2}{3}\pi\delta_k^i\pi_l^l \\
6p_{ij} &= \text{diag}(p_+ + \sqrt{3}p_-, p_+ - \sqrt{3}p_-, -2p_+)
\end{aligned}
$$

cette contrainte s'écrit :

$$C_0 = -R_0^3 e^{-3\Omega} \Big[^{(3)}R + \frac{1}{R_0^6 e^{-6\Omega}} \Big(\frac{1}{6}(\pi_k^k)^2 - \frac{1}{24\pi^2}(p_+^2 + p_-^2) \Big) \Big]$$
$$+ \frac{1}{2R_0^3 e^{-3\Omega}} \frac{\phi^2 \pi_\phi^2}{(3+2\omega)} + R_0^3 e^{-3\Omega} U$$

π étant le nombre dans cette dernière expression, et l'action devient :

$$S = \int p_+ \, d\beta_+ + p_- \, d\beta_- + p_\phi \, d\phi - H \, d\Omega$$

avec l'hamiltonien ADM $H = 2\pi\pi_k^k$ et $p_\phi = \pi\Pi_\phi$. En utilisant la contrainte $C_0 = 0$, on peut alors déduire pour H :

$$H^2 = p_+^2 + p_-^2 + 12 \frac{p_\phi^2 \phi^2}{3+2\omega} + 24\pi^2 R_0^6 e^{-6\Omega} U \qquad (4.42)$$

Les degrés de liberté physiques ont été isolés, mais sous cette forme la théorie n'est plus covariante – les contraintes ont été résolues et les conditions de coordonnées fixées. La perte de covariance est d'ailleurs patente : le hamiltonien ADM n'est pas nul, tandis que l'annulation du hamiltonien est caractéristique des systèmes contraints.

Chapitre 5

Le modèle de Bianchi de type I

Nous allons à présent expliquer la méthode qui nous permettra d'étudier le processus d'isotropisation des modèles de Bianchi de la classe A en présence d'un ou plusieurs champs scalaires et de matière. Exiger que ces modèles s'isotropisent nous permettra de contraindre de vastes classes de théories tenseur-scalaires. Rappelons ici les objectifs que nous nous proposons d'atteindre :

– Caractériser les champs scalaires capables de conduire un modèle cosmologique anisotrope vers l'isotropie.

Une théorie tenseur-scalaire peut être définie par plusieurs fonctions du champ scalaire (fonction de Brans-Dicke ω, potentiel U, fonction de gravitation G) dont les formes restent aujourd'hui largement inconnues bien que quelques indices nous soient donnés par la physique des particules comme le mécanisme de Higgs ou la supergravité. Nous verrons qu'imposer un Univers isotrope aux époques tardives est également un moyen de les contraindre.

– Connaître l'état final de l'Univers lorsqu'il est isotrope

Quel est l'état dynamique de l'Univers lorsque le processus d'isotropisation est achevé ? L'isotropisation mène-t-elle à une décélération ou à une accélération de l'expansion ? L'Univers est-il plat ou courbé ? Est-il dominé par un champ scalaire quintessent ? Si nous supposons que le potentiel mime une constante cosmologique variable, peut il résoudre le problème de cette constante ?

– Quelle est la robustesse des réponses obtenues aux questions précédentes ?

Afin d'éprouver la robustesse de nos résultats, nous étudierons plusieurs classes de théories tenseur-scalaires. Que se passe-t-il lorsque l'on considère plusieurs champs scalaires, un fluide parfait, un couplage entre ce fluide et un champ scalaire ou un champ scalaire non minimalement couplé à la gravitation ?

C'est à cet ensemble de questions que nous allons tenter de répondre en utilisant systématiquement la méthode suivante, mélangeant formalisme Hamiltonien et méthodes d'étude des systèmes dynamiques :

1. On détermine les équations de champs du premier ordre de Hamilton.
2. Afin d'utiliser les méthodes d'études des systèmes dynamiques[30], on réécrira ces équations à l'aide de variables normalisées.
3. On cherchera et étudiera alors leurs points d'équilibre correspondant à des états isotropes stables.
4. On appliquera nos résultats à quelques théories tenseur-scalaires couramment étudiées dans la littérature, ce qui nous permettra de nous assurer de leur validité et de mesurer leur porté.

Dans tout ce qui suit, la métrique que nous utiliserons sera de la forme :

$$ds^2 = -(N^2 - N_i N^i)d\Omega^2 + 2N_i d\Omega \omega^i + R_0^2 g_{ij}\omega^i \omega^j \qquad (5.1)$$

N étant la fonction lapse, N_i les fonctions shifts et ω^i les 1-formes générant les différents espace homogènes de Bianchi. Nous choisirons une métrique diagonale telle que $N_i = 0$ et la relation entre les variables t et Ω sera alors :

$$dt = -Nd\Omega \qquad (5.2)$$

Nous écrirons les fonctions métriques g_{ij} sous la forme :

$$g_{ij} = e^{-2\Omega + 2\beta_{ij}}$$

Ω représente alors la partie isotropique de la métrique tandis que les fonctions β_{ij} décrivent sa partie anisotropique. La paramétrisation de Misner[31] permet de réécrire ces fonctions sous la forme :

$$\beta_{ij} = diag(\beta_+ + \sqrt{3}\beta_-, \beta_+ - \sqrt{3}\beta_-, -2\beta_+) \qquad (5.3)$$

En ce qui concerne l'action, sa forme générale lorsque l'on considère deux champs scalaires et un fluide parfait sera :

$$S = (16\pi)^{-1} \int [G^{-1}R - (3/2 + \omega)\phi^{,\mu}\phi_{,\mu}\phi^{-2} - (3/2 + \mu)\psi^{,\mu}\psi_{,\mu}\psi^{-2} -$$
$$U]\sqrt{-g}d^4x + S_m(g_{ij}, \phi, \psi) \qquad (5.4)$$

où $\omega(\phi, \psi)$ et $\mu(\phi, \psi)$ sont deux fonctions de Brans-Dicke décrivant le couplage des champs scalaires avec la métrique et $U(\phi, \psi)$ est le potentiel décrivant le couplage des champs scalaires avec eux même. $S_m(g_{ij}, \phi, \psi)$ est l'action représentant la présence d'un fluide parfait non penché éventuellement couplé avec les champs scalaires. Les types de théories tenseur-scalaires que nous allons étudier appartiennent tous à la classe de théorie définie par cette action.

Dans ce chapitre nous allons étudier l'isotropisation du modèle de Bianchi de type I lorsque l'on considère un champ scalaire massif minimalement couplé dans le vide[32], avec un fluide parfait non penché[40] ou avec un second champ scalaire[49]. Pour finir, nous considérerons un champ scalaire non minimalement couplé avec un fluide parfait non penché[37]. Le modèle de Bianchi de type I est un modèle à sections spatiales plates, géométriquement défini par :

$$\omega^1 = dx$$
$$\omega^2 = dy$$
$$\omega^3 = dz$$

Il contient donc les solutions du modèle FLRW à sections spatiales plates.

5.1 Dans le vide et avec un seul champ scalaire

5.1.1 Equations de champs

Comme nous l'avons montré dans la section 4.3.4, l'Hamiltonien ADM du modèle de Bianchi de type I vide de matière mais avec un champ scalaire minimalement couplé et massif s'écrit :

$$H^2 = p_+^2 + p_-^2 + 12\frac{p_\phi^2 \phi^2}{3 + 2\omega} + 24\pi^2 R_0^6 e^{-6\Omega} U \tag{5.5}$$

Il vient alors pour les équations de Hamilton :

$$\dot{\beta}_\pm = \frac{\partial H}{\partial p_\pm} = \frac{p_\pm}{H} \tag{5.6}$$

$$\dot{\phi} = \frac{\partial H}{\partial p_\phi} = \frac{12\phi^2 p_\phi}{(3 + 2\omega)H} \tag{5.7}$$

$$\dot{p}_\pm = -\frac{\partial H}{\partial \beta_\pm} = 0 \tag{5.8}$$

$$\dot{p}_\phi = -\frac{\partial H}{\partial \phi} = -12\frac{\phi p_\phi^2}{(3+2\omega)H} + 12\frac{\omega_\phi \phi^2 p_\phi^2}{(3+2\omega)^2 H} - 12\pi^2 R_0^6 \frac{e^{-6\Omega} U_\phi}{H} \tag{5.9}$$

$$\dot{H} = \frac{dH}{d\Omega} = \frac{\partial H}{\partial \Omega} = -72\pi^2 R_0^6 \frac{e^{-6\Omega} U}{H} \tag{5.10}$$

un dot signifiant une dérivée par rapport à Ω. En choisissant $N_i = 0$ et en utilisant le fait que $\partial \sqrt{g}/\partial \Omega = -1/2\Pi_k^k N$ [33], on en déduit la forme de la fonction lapse :

$$N = \frac{12\pi R_0^3 e^{-3\Omega}}{H} \tag{5.11}$$

Afin de trouver les points d'équilibre de ce système d'équations, il nous faut le réécrire partiellement à l'aide de variables normalisées. La forme de l'Hamiltonien ADM nous suggère de définir :

$$x = H^{-1} \tag{5.12}$$

$$y = \pi R_0^3 \sqrt{e^{-6\Omega} U} H^{-1} \tag{5.13}$$

$$z = p_\phi \phi (3+2\omega)^{-1/2} H^{-1} \tag{5.14}$$

Ces variables ont toutes une interprétation physique :
- La variable x^2 est proportionnelle à la variable Σ introduite dans [30] et décrit donc le cisaillement(shear).
- La variable y^2 est proportionelle à $(\rho_\phi - p_\phi)/(d\Omega/dt)^2$, $(d\Omega/dt)^2$ représentant la fonction de Hubble lorsque l'Univers est isotrope.
- La variable z^2 est proportionelle à $(\rho_\phi + p_\phi)/(d\Omega/dt)^2$. Pour le montrer, il suffit de remplacer p_ϕ par sa valeur déduite de l'équation pour $\dot{\phi}$
- On déduit des deux derniers points que le paramètre de densité Ω_ϕ du champ scalaire est une combinaison linéaire de y^2 et z^2 ou encore, lorsque le champ scalaire est quintessent, que ces deux variables lui sont proportionelles.

On peut vérifier que ces variables sont normalisées en réécrivant la contrainte Hamiltonienne sous la forme d'une somme de leurs carrés :

$$p^2 x^2 + 24 y^2 + 12 z^2 = 1 \tag{5.15}$$

avec $p^2 = p_+^2 + p_-^2$. Afin qu'elles soient définies dans l'ensemble des réels, nous considérerons que $3 + 2\omega$ et U sont des quantités positives. La première condition est nécessaire au respect de la condition d'énergie faible. En effet, on peut définir la densité d'énergie et la pression du champ scalaire comme :

$$\rho_\phi = \frac{1}{2}\frac{3/2+\omega}{\phi^2}\phi'^2 + \frac{1}{2}U$$

$$p_\phi = \frac{1}{2}\frac{3/2 + \omega}{\phi^2}\phi'^2 - \frac{1}{2}U$$

le prime étant une dérivée par rapport au temps propre t. Par conséquent, imposer $3 + 2\omega > 0$ et $U > 0$ revient à écrire que :

$$\rho_\phi + p_\phi > 0$$

$$\rho_\phi - p_\phi > 0$$

la première inégalité étant nécessaire au respect de la condition d'énergie faible. Les équations de Hamilton peuvent être réécrites en fonction de ces variables sous la forme d'un système d'équations différentielles du premier ordre :

$$\dot{x} = 72y^2x \tag{5.16}$$

$$\dot{y} = y(6\ell z + 72y^2 - 3) \tag{5.17}$$

$$\dot{z} = 24y^2(3z - \frac{1}{2}\ell) \tag{5.18}$$

$$\dot{\phi} = 12z\frac{\phi}{\sqrt{3 + 2\omega}} \tag{5.19}$$

avec $\ell = \phi U_\phi U^{-1}(3 + 2\omega)^{-1/2}$, une fonction de ϕ. Nous avons donc réduit les sept équations de Hamilton sous la forme d'un système de quatre équations à quatre inconnues x, y, z et ϕ dont la dernière n'est pas nécessairement normalisée. Cette réduction provient du fait que les équations de Hamilton montrent que $p_\pm$ sont des constantes et que $\beta_+ \propto \beta_-$, éliminant ainsi trois équations sur les sept. Notre prochain objectif est alors de trouver les points d'équilibre correspondant à un état isotrope stable pour l'Univers et dont les propriétés sont définies dans la section suivante.

5.1.2 Définition d'un état isotrope stable

L'isotropie est définie dans l'article de Collins et Hawking[34] lorsque le temps propre tend vers l'infini de la manière suivante :

- $\Omega \to -\infty$

  Cette condition nous dit que l'Univers est en expansion éternelle. Vu qu'aucune période de contraction n'a été observée depuis le découplage rayonnement-matière et que notre Univers est fortement isotrope, cette hypothèse paraît justifiée.

- Soit $T_{\alpha\beta}$ le tenseur d'énergie-impulsion : $T^{00} > 0$ et $\frac{T^{0i}}{T^{00}} \to 0$

  $\frac{T^{0i}}{T^{00}}$ représente une vitesse moyenne de la matière par rapport aux surfaces d'homogénéité. Si cette quantité ne tendait pas vers zéro, l'Univers ne paraîtrait pas homogène et isotrope.

– Soit $\sigma_{ij} = (de^\beta/dt)_{k(i}(e^{-\beta})_{j)k}$ et $\sigma^2 = \sigma_{ij}\sigma_{ij} : \frac{\sigma}{d\Omega/dt} \to 0$.

Cette condition dit que l'anisotropie mesurée localement à travers la constante de Hubble tend vers zéro. En effet, lorsque nous mesurons la constante de Hubble, nous évaluons la quantité $\frac{dg_{ii}}{dt}/g_{ii} = d\beta_{ii}/dt - d\Omega/dt$. Pour que celle-ci soit la même dans toutes les directions, il faut donc que $d\beta_{ii}/dt << d\Omega/dt$.

– β tend vers une constante β_0

Cette condition se justifie par le fait que l'anisotropie mesurée dans le CMB est en quelque sorte une mesure du changement de la matrice β entre le temps où la radiation a été émise et le temps où elle a été observée. Si β ne tendait pas vers une constante, on s'attendrait à de grandes quantités d'anisotropies dans certaines directions.

Dans le cadre du modèle de Bianchi de type I, lorsque $\beta_\pm$ tend vers une constante, $d\beta_\pm/dt = -N^{-1}\dot{\beta}_\pm \propto e^{3\Omega}$ tend vers zéro car l'isotropie se produit en $\Omega \to -\infty$. Or, d'une manière générale, lorsque la dérivée d'une fonction tend vers zéro en $t \to +\infty$, ceci n'implique pas nécessairement que la fonction tende vers une constante. C'est par exemple le cas du logarithme $\ln t$. Ceci indique donc que l'isotropie apparait relativement vite. La troisième propriété quant à elle signifie que le cisaillement, c'est-à-dire $x \propto \dot{\beta}_\pm = \frac{d\beta_\pm}{dt}\frac{dt}{d\Omega}$ tend vers zéro. Par conséquent, *les points d'équilibre isotropes stables que nous recherchons seront tels que :*

$$\Omega \to -\infty$$

$$x \to 0$$

En examinant le système d'équations (5.16-5.18), on constate qu'il existe trois manières d'atteindre cette équilibre correspondant à *trois classes d'isotropisation* que l'on définit de la manière suivante :

– Classe 1 : Les variables (x, y, z) atteignent un état d'équilibre isotrope avec $y \neq 0$. C'est la classe qui semble correspondre aux théories tenseur-scalaires les plus étudiées dans la littérature.

– Classe 2 : Les variables (x, y, z) atteignent un état d'équilibre isotrope avec $y = 0$. Dans ce cas, il n'est généralement pas possible de déterminer le comportement asymptotique de x à l'approche de l'isotropie car il dépend de la manière inconnue dont y tend vers zéro. Or c'est lui qui permet de connaître le comportement asymptotique commun des fonctions métriques lors de l'isotropisation.

– Classe 3 : x tend vers l'équilibre mais pas nécessairement les autres variables y et z. Comme celles-ci doivent être bornées en $\Omega \to -\infty$, cela signifie qu'elles doivent osciller telles que leurs dérivées premières par rapport à Ω oscillent autour de zéro. Nous verrons des exemples de cette classe d'isotropisation lorsque nous considérerons la présence de plusieurs champs scalaires.

Dans ce travail notre attention se portera principalement sur l'étude de l'isotropisation de la classe 1. En effet, nous montrerons que les champs scalaires de cette classe sont asymptotiquement quintessents. Nous verrons quelques exemples numériques d'isotropisation de classe 2 et 3 afin de démontrer leur réalité et de nous permettre de mieux cerner leurs caractéristiques.

5.1.3 Etude des états isotropes

Les points d'équilibre du système (5.16-5.18) tels que $x = 0$ et $y \neq 0$ sont donnés par :

$$(x, y, z) = (0, \pm(3 - \ell^2)^{1/2}/(6\sqrt{2}), \ell/6) \tag{5.20}$$

Ils sont définis si $\ell^2 < 3$. y et z devant atteindre l'équilibre, il faut donc que ℓ tende vers une constante nulle ou non et telle que $\dot{\ell} \to 0$. Linéarisant l'équation (5.16) au voisinage de l'équilibre, on trouve qu'asymptotiquement la variable x se comporte en $\Omega \to -\infty$ comme :

$$x \to x_0 e^{3\Omega - \int \ell^2 d\Omega} \tag{5.21}$$

<u>Cadre de validité de nos résultats</u>

Avant d'aller plus loin, ces premiers calculs nous offrent l'opportunité de parler de la stabilité de nos résultats. Ceux ci peuvent être séparés en plusieurs catégories :

1. La localisation des points d'équilibre isotrope.

2. Les conditions nécessaires à leur existence.

3. Les solutions exactes associées aux points d'équilibre.

La première catégorie est indépendante de toute approximation. Les deux autres ne le sont pas et dépendent de la vitesse à laquelle l'état d'équilibre est atteint ou, plus précisément, à laquelle d'une part la fonction ℓ et d'autre part les variables (y, z) tendent vers leurs valeurs à l'équilibre.

En ce qui concerne ℓ, nous verrons dans la troisième partie de cette section qu'il est possible de déterminer asymptotiquement le comportement de $\phi(\Omega)$ et donc de $\ell(\Omega)$. Par conséquent, il est possible de ne faire aucune approximation sur ℓ comme le montre le calcul (5.21) ci-dessus : quelle que soit la vitesse à laquelle ℓ tend vers sa valeur à l'équilibre, la présence du terme $\int \ell^2 d\Omega$ permet de prendre en compte la variation de ℓ^2. Cependant, afin d'obtenir des résultats sous formes fermées et comparables entre eux, nous ferons en général l'hypothèse suivante que nous appellerons "hypothèse de variabilité de ℓ" :

– Lorsqu'à l'équilibre ℓ^2 tend vers une constante ℓ_0^2, nulle ou non, avec une variation $\delta\ell^2$ telle que $\ell^2 \to \ell_0^2 + \delta\ell^2$, $\int \ell^2 d\Omega \to \ell_0^2\Omega + const$.

Afin de montrer que l'on peut mathématiquement s'affranchir de cette hypothèse, les résultats de cette section seront tous exprimés en tenant compte de l'intégrale de ℓ^2 puis de l'hypothèse de variabilité de ℓ. De plus, nous appliquerons nos résultats aux cas de deux théories tenseur-scalaires, respectivement en accord et en désaccord avec cette hypothèse. Dans les sections suivantes, elle sera systématiquement employée et vérifiée lorsque nous ferons des applications.

En ce qui concerne y et z, nous considérerons que leurs variations δy et δz à l'approche de l'équilibre sont suffisamment petites pour être négligeable. Par exemple, lorsque nous calculons (5.21), nous prenons en compte la manière dont ℓ approche sa valeur asymptotique puisque nous ne faisons pas l'hypothèse de variabilité de ℓ. En revanche nous ne faisons rien de semblable pour y que nous avons simplement remplacé par sa valeur à l'équilibre dans les équations de champs sans tenir compte de δy. Ce problème ne peut pas être résolu aussi "facilement" que celui en rapport avec ℓ. Il est possible que l'étude des perturbations des solutions exactes puisse apporter des éléments de réponses mais ce n'est pas garanti car elle pourrait fortement dépendre de la spécification des formes de ω et U en fonction du champ scalaire.

Pour résumer, tous nos résultats impliquant le calcul d'une approche asymptotique d'une quantité au voisinage de l'équilibre seront valables lorsque l'Univers atteint suffisamment vite l'état isotrope, ce qui est le cas physique le plus intéressant compte tenu de ce que nous observons. La restriction sur ℓ peut être levée en ne faisant pas l'hypothèse de variabilité mais cela semble plus difficile pour les variables y et z. Aussi, nous ferons systématiquement l'hypothèse que ces variables approchent suffisamment vite leurs valeurs à l'équilibre. Ces restrictions seront également valables pour les variables k et w que nous définirons plus tard, respectivement associées à la présence d'un fluide parfait et à celle d'un second champ scalaire ou de courbure.

Comportements asymptotiques

Appliquant l'hypothèse de variabilité de ℓ à (5.21), lorsque ℓ tend vers une constante non nulle, $x \to e^{(3-\ell^2)\Omega}$ et vers $e^{3\Omega}$ sinon. Cette variable disparaît donc bien lorsque $\Omega \to -\infty$ et que la condition de réalité des points d'équilibre, $\ell^2 < 3$, est respectée. Dans le même temps, l'équation (5.16) montre que x est une fonction monotone de Ω : lorsque x est initialement positive (négative), elle est asymptotiquement croissante(décroissante). x est donc également de signe constant. En se servant de l'expression (5.11) de la fonction lapse N et du fait que $dt = -Nd\Omega$, on en déduit que $\Omega(t)$ est une fonction décroissante (croissante) du temps propre t lorsque x, ou de manière équivalente l'Hamiltonien, est initialement positive (négative). Par conséquent, un Hamiltonien initialement positif est une condition initiale nécessaire pour que l'isotropie en $\Omega \to -\infty$ se produise aux époques tardives. Enfin dernière remarque en se qui concerne les fonctions monotones. Nous pouvons calculer que $dg_{ij}/d\Omega = -2e^{-2\Omega+\beta_{ij}}(1-\dot{\beta}_{ij})$. Compte tenu de ce que nous avons dit sur la monotonie de x et de l'expression des dérivées de β_{ij} par rapport à Ω, il vient que les β_{ij} sont des fonctions monotones du temps propre t et que par conséquent chaque fonction métrique ne peut avoir au plus qu'un extremum durant son évolution. Nous avions démontré ce point d'une toute autre manière dans [35] à l'aide du formalisme Hamiltonien ADM.

Pour déterminer $\phi(\Omega)$, on se sert de l'équation (5.19) pour $\dot{\phi}$ qui s'écrit asymptotiquement :

$$\dot{\phi} = 2\frac{\phi^2 U_\phi}{U(3 + 2\omega)}$$

Dans cette dernière expression l'hypothèse de variabilité de ℓ n'est pas faite mais par contre on néglige la variation δz de la variable z à l'approche de l'isotropie. C'est la forme asymptotique de la solution de cette équation qui nous donnera le comportement asymptotique de ϕ en fonction de Ω. On en déduira donc $\ell(\Omega)$ et $U(\Omega)$ qui sont 2 fonctions données du champ scalaire. En particulier, connaître $\ell(\Omega)$ permettra de vérifier les conditions nécessaires à l'isotropie, notre hypothèse sur $\int \ell d\Omega$ et donc de calculer la forme asymptotique des fonctions métriques $\Omega(t)$ et du potentiel U. En effet, utilisant d'une part le comportement asymptotique de x et d'autre part la relation $dt = -Nd\Omega$ et la définition de y, on trouve qu'à l'approche de l'isotropie $\Omega(t)$ et U se comportent respectivement comme :

$$dt = -12\pi R_0^3 x_0 e^{-\int \ell^2 d\Omega} d\Omega$$

et

$$U = e^{2\int \ell^2 d\Omega}$$

soit en tenant compte de l'hypothèse de variabilité de ℓ

$$dt = -12\pi R_0^3 x_0 e^{-\ell^2 \Omega} d\Omega$$

et

$$U = e^{2\ell^2 \Omega}$$

Cette hypothèse nous permet de calculer que lorsque ℓ^2 tend vers une constante non nulle, les fonctions métriques tendent vers $t^{\ell^{-2}}$ et le potentiel vers t^{-2}. En revanche, lorsque ℓ^2 tend vers zéro, l'Univers tend vers un modèle de De Sitter et le potentiel vers une constante cosmologique. Si l'hypothèse n'est pas vérifiée, il est impossible de déterminer sans l'aide de quadratures ces comportements asymptotiques.

5.1.4   Discussion et applications

Nos résultats concernent une théorie tenseur-scalaire massive et minimalement couplée sans autre forme de matière. C'est la plus simple des théories que nous allons considérer et la méthode utilisée ci-dessus va nous servir de guide pour les théories suivantes. Nous avons restreint notre étude aux fonctions U et $3 + 2\omega$ positives et à une isotropisation de classe 1. Lorsque l'on suppose que la fonction ℓ et les variables y et z tendent suffisamment vite vers leurs valeurs à l'équilibre, nous avons les résultats suivants :

Soit une théorie tenseur-scalaire minimalement couplée et massive et la quantité ℓ définie par $\ell = \frac{\phi U_\phi}{U(3+2\omega)^{1/2}}$. Le comportement asymptotique du champ scalaire à l'approche de l'isotropie est donné par la forme de la solution en $\Omega \to -\infty$ de l'équation différentielle $\dot{\phi} = 2\frac{\phi^2 U_\phi}{U(3+2\omega)}$. Une condition nécessaire à l'isotropisation de classe 1 est que $\ell^2 < 3$. Si ℓ tend vers une constante non nulle, les fonctions métriques tendent vers $t^{\ell^{-2}}$ et le potentiel disparaît comme t^{-2}. Si ℓ tend vers zéro, l'Univers tend vers un modèle de De Sitter et le potentiel vers une constante.

En ce qui concerne l'interprétation du nombre 3, on peut montrer intuitivement qu'il est lié à la dimension de l'Univers. En effet, pour l'expliquer, définissons deux nombres a et b :

- Le premier, a, vaut 6 et provient de l'expression du volume de l'Univers en fonction du facteur d'échelle, $V = R^3 = R^{a/2}$. Il vaut donc deux fois la dimension de l'espace.
- Le second, b, vaut 12 est peut être décomposé en $2 * 6$. Le 6 provient cette fois de l'écriture du scalaire de courbure à l'aide de la décomposition 3+1 de l'espace-temps. Le 2 est celui du terme cinétique pour le champ scalaire $\dot{\phi}^2$ et apparaît lorsque l'on calcule le moment conjugué de ϕ en variant le Lagrangien par rapport à $\dot{\phi}$.

On trouve alors que le 3 intervenant dans la contrainte $\ell^2 < 3$ nécessaire à l'isotropisation, est défini comme le rapport $a^2/b = 3$ et semble donc clairement lié à la dimension de l'espace que l'on considère.

L'hypothèse de variabilité de ℓ peut être levée et les résultats s'expriment alors à l'aide de l'intégrale de ℓ^2 comme montré ci-dessus. Ils sont en accord avec le "Cosmic No Hair theorem" de Wald[38] qui dit que les modèles homogènes initialement en expansion avec une constante cosmologique positive (sauf le modèle de Bianchi de type IX) et un tenseur d'énergie-impulsion satisfaisant les conditions d'énergies fortes et dominantes tendent vers un modèle isotrope de De Sitter pour lequel l'expansion est exponentielle. Ici, lorsque l'on considère une constante cosmologique ou lorsque $\ell \to 0$ telle que l'hypothèse de variabilité de ℓ est vérifiée, l'Univers lorsqu'il s'isotropise tend bien vers un modèle de De Sitter et le potentiel vers une constante. En revanche, lorsque ℓ tend vers zéro et que l'hypothèse de variabilité de ℓ n'est pas vérifiée, le potentiel ne tend plus vers une constante et l'Univers n'approche plus un modèle de De Sitter.

En guise d'application, nous allons examiner les cas des théories tenseur-scalaires définies par la forme de la fonction de couplage de Brans-Dicke

$$\frac{(3 + 2\omega)^{1/2}}{\phi} = \sqrt{2}$$

et les formes de potentiels

$$U = e^{m\phi}$$

et

$$U = \phi^m$$

On rappelle que nos résultats représentent des conditions nécessaires et que par conséquent, lorsque dans les applications qui vont suivre nous parlons d'isotropisation, c'est toujours sous réserve que ces conditions soient également suffisantes.

Le potentiel en exponentiel de ϕ possède une longue histoire. L'isotropisation des modèles de Bianchi avec ce potentiel a déjà été étudiée dans [39] et va ainsi nous permettre de tester nos résultats. Il a été montré que tous les modèles de Bianchi(excepté le modèle de Bianchi de type IX lorsqu'il se contracte) s'isotropisaient aux époques tardives lorsque $m^2 < 2$. Si $m = 0$, l'Univers tend vers un modèle de De Sitter car le potentiel est une constante et sinon il est en expansion tel que $e^{-\Omega} \to t^{2m^{-2}}$. Si $m^2 > 2$, les modèles de Bianchi de type I, V, VII et IX peuvent s'isotropiser aux époques tardives. En utilisant nos résultats, nous voyons qu'asymptotiquement :

$$\phi \to m\Omega$$

La condition nécessaire à l'isotropisation de classe 1 s'écrit $m^2 < 6$ et les comportements asymptotiques des fonctions métriques sont bien en accord avec ce qui a été prédit dans [39]. La différence entre les résultats de ce dernier papier et le nôtre porte sur la nature de l'intervalle de m autorisant l'isotropisation puisque nous trouvons une limite supérieure pour celui ci. La figure 5.1 illustre la convergence des variables x, y

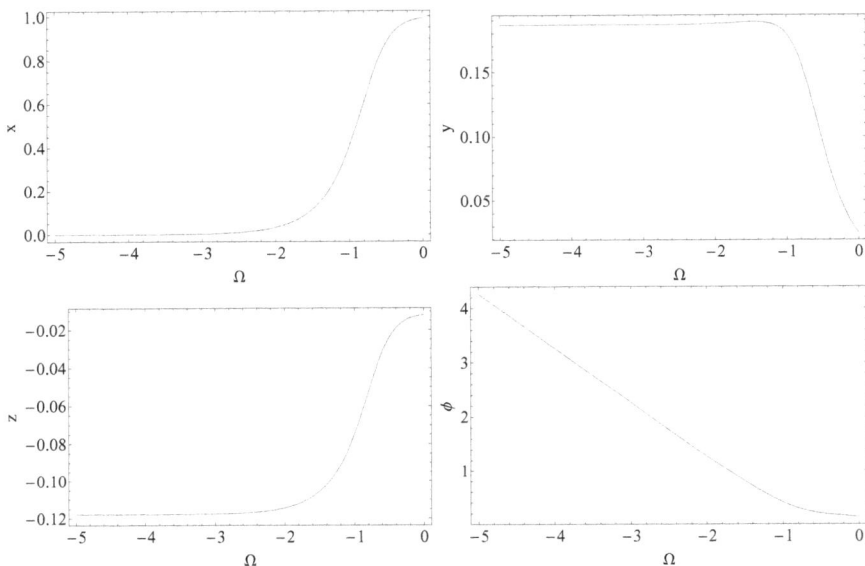

FIGURE 5.1 – Evolution des variables x, y et z lorsque $\frac{(3+2\omega)^{1/2}}{\phi} = \sqrt{2}$, $U = e^{m\phi}$ et $m = -1$ avec les valeurs initiales $(y, z, \phi) = (0.025, -0.012, 0.14)$ et $p^2 = 1$ (x étant déterminé par la contrainte). $\ell = -1/\sqrt{2}$, x tend vers 0, y vers $\sqrt{3 - \ell^2}/(6\sqrt{2}) = 0.18$ et z vers $\ell/6 = -0.12$ en accord avec l'expression des points d'équilibre.

et z vers leurs valeurs à l'équilibre pour $m = -1$. Lorsque $m^2 > 6$, l'isotropisation de classe 1 n'est plus possible car la valeur de y à l'équilibre serait complexe. Une simulation numérique de ce cas est montrée sur la figure 5.2 lorsque $m = -3.2$: l'Univers tend toujours vers un état d'équilibre mais cette fois anisotrope car x tend vers une constante non nulle et donc les fonctions $\beta_\pm$ décrivant l'isotropie, vers l'infini.

Examinons maintenant le cas d'un potentiel en puissance du champ scalaire. On a alors :

$$\ell \to \frac{m}{\sqrt{2}\phi}$$

et à l'approche d'une isotropie de classe 1, si celle-ci se produit, le champ scalaire se comporte comme

$$\phi^2 \to 2m\Omega$$

On doit donc avoir $m < 0$ afin que le champ scalaire soit réel et on déduit que ℓ^2 tend vers zéro comme $m(4\Omega)^{-1}$. Par conséquent, $\int \ell^2 d\Omega$ ne tend pas vers une constante mais diverge comme $\frac{m}{4}\ln(-\Omega)$ et nous devons tenir compte de cette intégrale dans

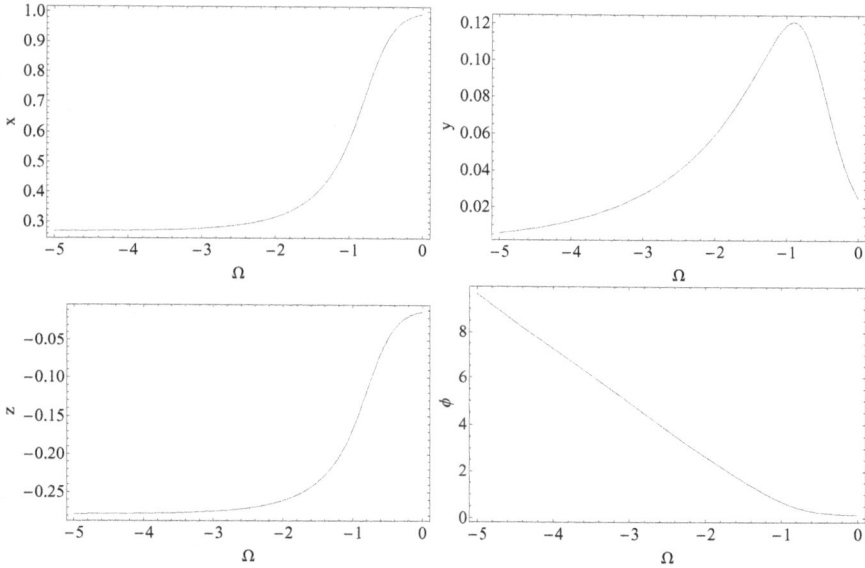

FIGURE 5.2 – Evolution des variables x, y et z lorsque $\frac{(3+2\omega)^{1/2}}{\phi} = \sqrt{2}$, $U = e^{m\phi}$ et $m = -3.2$ avec les valeurs initiales $(y, z, \phi) = (0.025, -0.012, 0.14)$ et $p^2 = 1$ (x étant déterminé par la contrainte). L'Univers ne s'isotropise pas : le système tend vers un point d'équilibre anisotrope tel que les fonctions $\beta_\pm$ décrivant l'anisotropie divergent.

nos résultats : l'hypothèse de variabilité de ℓ n'est pas ici vérifiée. Levant cette hypothèse, on trouve alors que le potentiel tend vers zéro comme $(-\Omega)^{m/2}$ et les fonctions métriques vers $exp\left[(\frac{4-m}{48\pi R_0^3 x_0}t)^{\frac{4}{4-m}}\right]$. Pour que cette quantité diverge positivement, il faut donc que $m < 4$ ce qui est toujours vérifié puisque $m < 0$. Ce cas est illustré sur la figure 5.3 où l'on voit très nettement que la convergence des variables y et z vers leurs valeurs à l'équilibre est beaucoup plus lente que dans l'application précédente. Ceci signifie que l'Univers approche "lentement" son état isotrope et l'on pourrait alors penser que, en plus de lever l'hypothèse de variabilité de ℓ, les variations δy et δz des variables y et z dont nous parlions dans la sous-section précédente devraient également être prises en compte. Cependant, il semble que ces dernières corrections ne soient pas nécessaires. Ceci peut par exemple être vérifié en comparant l'évolution asymptotique de z correspondant théoriquement à $z \to \ell/6 \to -(12\sqrt{-\Omega})^{-1}$ avec l'intégration numérique de la figure 5.3 pour les grandes valeurs de Ω.

Lorsque que $m > 0$, une isotropisation de classe 1 ne semble plus possible car alors le champ scalaire serait complexe. Les intégrations numériques semblent indiquer que le champ scalaire devient négatif pour un temps Ω fini. Par conséquent, si l'isotropisation doit se produire en $-\infty$, il semble nécessaire que m soit un entier afin que le potentiel ne soit pas complexe. Les intégrations numériques ne permettent pas d'en dire plus car elles échouent lorsque $\phi \to 0$, signalant peut être la présence d'une singularité.

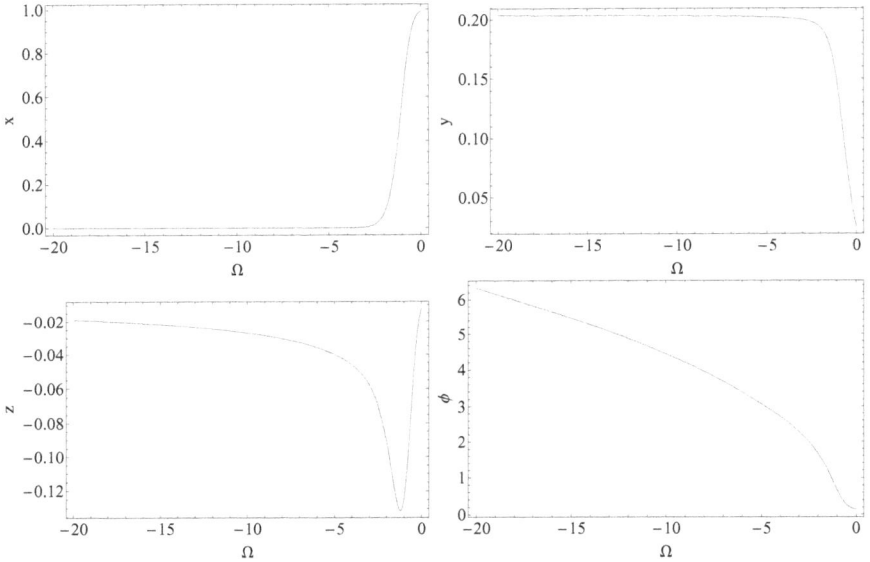

FIGURE 5.3 – Evolution des variables x, y et z lorsque $\frac{(3+2\omega)^{1/2}}{\phi} = \sqrt{2}$, $U = \phi^m$, $R_0^3 = (\sqrt{24\pi})^{-1}$ et $m = -1$ avec les valeurs initiales $(y, z, \phi) = (0.025, -0.012, 0.14)$ et $p^2 = 1$ (x étant déterminé par la contrainte). x tend vers 0, $24y^2$ vers 1 et z vers 0 en accord avec l'expression des points d'équilibre. Remarquons que les variables y et z tendent beaucoup moins vite vers leurs valeurs à l'équilibre que sur le graphe 5.2. Ceci est du à la "lenteur" de la convergence de ℓ vers zéro qui se répercute alors sur la variation de ces variables.

5.2 Avec fluide parfait et un seul champ scalaire

La démarche est la même que dans le vide mais un terme supplémentaire vient s'ajouter dans les équations de champs[40] dû à la présence d'un fluide parfait d'équation d'état $p = (\gamma - 1)\rho$ avec $\gamma \in [1, 2]$. Cet intervalle contient les cas importants de la poussière ($\gamma = 1$) et de la radiation ($\gamma = 4/3$), le cas de la constante cosmologique($\gamma = 0$) pouvant être traité avec ce qui a été présenté dans la section précédente. La conservation de l'énergie montre que $\rho \propto V^{-\gamma}$, $V = e^{-3\Omega}$ étant le 3-volume de l'Univers. Nous considérerons que la pression du fluide parfait est isotrope. C'est une hypothèse simplificatrice dont une conséquence pour le modèle de Bianchi de type I pourrait être de rendre la décroissance de l'anisotropie trop rapide (en V^{-1}) pour être détectée et donc observationnellement significative. En effet, la présence d'une pression anisotrope à pour effet de ralentir cette décroissance. L'anisotropie pourrait alors être détectée via le rapport $\delta T/T$ du CMB qui dépend de la quantité $\sigma^2/(d\Omega/dt)$ lors de la surface de dernière diffusion[41].

5.2.1 Equations de champs

Cette fois l'hamiltonien ADM s'écrit :

$$H^2 = p_+^2 + p_-^2 + 12\frac{p_\phi^2\phi^2}{3+2\omega} + 24\pi^2 R_0^6 e^{-6\Omega}U + \delta e^{3(\gamma-2)\Omega} \qquad (5.22)$$

où δ est une constante positive. Par rapport au cas de la section précédente, on voit donc apparaître le terme $\delta e^{3(\gamma-2)\Omega}$ dû à la présence du fluide parfait. Les équations de Hamilton deviennent :

$$\dot{\beta}_\pm = \frac{\partial H}{\partial p_\pm} = \frac{p_\pm}{H}$$

$$\dot{\phi} = \frac{\partial H}{\partial p_\phi} = \frac{12\phi^2 p_\phi}{(3+2\omega)H}$$

$$\dot{p}_\pm = -\frac{\partial H}{\partial \beta_\pm} = 0$$

$$\dot{p}_\phi = -\frac{\partial H}{\partial \phi} = -12\frac{\phi p_\phi^2}{(3+2\omega)H} + 12\frac{\omega_\phi \phi^2 p_\phi^2}{(3+2\omega)^2 H} - 12\pi^2 R_0^6 \frac{e^{-6\Omega}U_\phi}{H}$$

$$\dot{H} = \frac{dH}{d\Omega} = \frac{\partial H}{\partial \Omega} = -72\pi^2 R_0^6 \frac{e^{-6\Omega}U}{H} + 3/2\delta(\gamma-2)\frac{e^{3(\gamma-2)\Omega}}{H}$$

Afin de réécrire ces équations, nous allons nous servir des même variables normalisées x, y et z que dans le vide auxquelles nous ajouterons une quatrième variable :

$$k^2 = \delta e^{3(\gamma-2)\Omega}H^{-2}$$

liée à la présence du fluide parfait. Cette variable est en fait proportionnelle au paramètre de densité du fluide parfait, l'un des paramètres principaux de la cosmologie souvent noté Ω_m. Ceci peut être montré en vérifiant que $k^2 \propto V^{-\gamma}/(\frac{d\Omega}{dt})^2$ où $\frac{d\Omega}{dt}$ est en fait la constante de Hubble lorsque l'Univers s'isotropise. k n'est pas indépendante des trois autres variables et peut se réécrire comme :

$$k^2 = \delta x^\gamma y^{2-\gamma} U^{\gamma/2-1} \qquad (5.23)$$

$$k^2 = \delta x^2 e^{3(\gamma-2)\Omega} \tag{5.24}$$

$$k^2 = \delta y^2 U^{-1} V^{-\gamma} \tag{5.25}$$

L'Hamiltonien ADM devient alors :

$$p^2 x^2 + 24 y^2 + 12 z^2 + k^2 = 1 \tag{5.26}$$

Quant aux équations de Hamilton, elles se réduisent à nouveau à quatre équations :

$$\dot{x} = 72 y^2 x - 3/2(\gamma-2)k^2 x \tag{5.27}$$

$$\dot{y} = y(6\ell z + 72 y^2 - 3) - 3/2(\gamma-2)k^2 y \tag{5.28}$$

$$\dot{z} = 24 y^2 (3z - \frac{\ell}{2}) - 3/2(\gamma-2)k^2 z \tag{5.29}$$

$$\dot{\phi} = 12 z \frac{\phi}{(3 + 2\omega)^{1/2}} \tag{5.30}$$

avec toujours $\ell = \phi U_\phi U^{-1}(3 + 2\omega)^{-1/2}$.

5.2.2   Etude des états isotropes

On distingue deux types d'états d'équilibre selon que k, c'est-à-dire le paramètre de densité du fluide parfait, tend vers zéro ou une constante.

$\underline{k \to 0}$

Comme y ne tend pas vers zéro car l'on considère une isotropisation de classe 1, on déduit de la forme (5.25) de k que $U >> V^{-\gamma}$. Les points d'équilibre sont les mêmes qu'en l'absence de fluide parfait et donc on retrouve la condition de réalité $\ell^2 < 3$. Le comportement asymptotique de x à l'approche de l'équilibre est obtenu à partir de l'équation (5.27) :

$$x \to x_0 e^{3\Omega - \int \ell^2 d\Omega - \frac{3}{2}(\gamma-2)\int k^2 d\Omega} \tag{5.31}$$

De (5.31) et de la définition de y, nous déduisons pour le potentiel :

$$U \to U_0 e^{2\int \ell^2 d\Omega + 3(\gamma-2)\int k^2 d\Omega}$$

En se servant de la définition (5.24) de k et du comportement asymptotique (5.31) de x au voisinage de l'isotropie, il vient :

$$k^2 = \delta x_0^2 e^{-2\int \ell^2 d\Omega - 3(\gamma-2)\int k^2 d\Omega + 3\gamma\Omega}$$

En dérivant cette expression, on obtient l'équation différentielle

$$2k\dot{k} = \left[-2\ell^2 - 3(\gamma - 2)k^2 + 3\gamma\right]k^2$$

dont la solution exacte est :

$$k^2 = \frac{e^{3\gamma\Omega - 2\int \ell^2 d\Omega}}{k_0 + 3(\gamma - 2)\int e^{3\gamma\Omega - 2\int \ell^2 d\Omega} d\Omega}$$

k_0 étant une constante d'intégration. Tous ces résultats ont été obtenus sans appliquer l'hypothèse de variabilité de ℓ. Si maintenant on la prend en compte, on obtient :

$$k^2 = \delta x_0^2 e^{(-2\ell^2 + 3\gamma)\Omega}$$

et donc que $k \to 0$ en $\Omega \to -\infty$ si $\ell^2 < \frac{3\gamma}{2} < 3$.

Par conséquent la présence d'un fluide parfait telle que $k \to 0$ et le respect de l'hypothèse de variabilité de ℓ réduisent, par rapport au cas du vide, l'intervalle dans lequel doit nécessairement se trouver ℓ^2 pour que l'isotropisation se produise. Cependant, les comportements asymptotiques des fonctions métriques et du potentiel restent inchangés.

Si cette hypothèse n'est pas valide, à nouveau on doit tenir compte des intégrales de ℓ^2. L'intervalle de ℓ^2 permettant l'isotropisation sera toujours tel que $\ell^2 < 3$ mais il sera modifié (ou non) différemment par le condition $k \to 0$. De plus le comportement asymptotique des fonctions métriques et du potentiel sera différent de ce qu'il est dans le vide malgré cette disparition de k.

<u>k tend vers une constante non nulle</u>

Les points d'équilibre isotropes ne sont plus les mêmes et donc les comportements asymptotiques des fonctions métriques et du potentiel non plus. Pour les premiers on trouve :

$$(x, y, z) = (0, \pm\frac{\sqrt{\gamma(2 - \gamma)}}{4\sqrt{2}\ell}, \frac{\gamma}{4\ell})$$

après avoir déduit de la contrainte que

$$k^2 = 1 - 3\gamma(2\ell^2)^{-1}$$

Les points d'équilibre seront réels si γ est une constante positive plus petite que 2, en accord avec l'intervalle de variation de γ que nous avons spécifié, soit $\gamma \in [1, 2]$. La variable k sera réelle et les autres variables atteindront l'équilibre pour une valeur non nulle de y, respectant ainsi la définition de la classe 1, si ℓ^2 tend vers une constante plus grande que $\frac{3\gamma}{2}$. Cette condition nécessaire à l'isotropie est indépendante de toute

approximation. Linéarisant l'équation différentielle pour x, nous trouvons qu'asymptotiquement :

$$x \to e^{\frac{3}{2}(2-\gamma)\Omega}$$

et que les fonctions métriques tendent vers

$$e^{-\Omega} \to t^{\frac{2}{3\gamma}}$$

De la définition de y on déduit alors que le potentiel tend vers zéro comme t^{-2} ce qui
est confirmé par la forme (5.25) de k qui montre qu'asymptotiquement :

$$U \propto V^{-\gamma}$$

en accord avec les expressions asymptotiques du potentiel et des fonctions métriques
en fonction du temps propre t. Cette dernière expression permet de déterminer la forme
asymptotique du champ scalaire d'après la forme du potentiel. Notons que tous ces
comportements asymptotiques sont indépendants de l'hypothèse de variabilité de ℓ.

5.2.3 Discussion et applications

Résumons les résultats obtenus en présence d'un fluide parfait. Pour cela, nous allons
les énoncer en fonction du paramètre de densité du fluide parfait Ω_m qui est proportionnel à k. Lorsque celui ci tend vers zéro, nous ferons l'hypothèse de variabilité de ℓ alors
que celle-ci est inutile lorsque qu'il tend vers une constante non nulle. il vient :

Isotropisation avec $\Omega_m \to 0$:
Les résultats sont les mêmes qu'en l'absence du fluide parfait mais l'intervalle de ℓ^2
permettant l'isotropisation se trouve réduit à $\ell^2 < \frac{3\gamma}{2}$. De plus, lors de l'isotropisation
le potentiel du champ scalaire est asymptotiquement supérieur à la densité d'énergie
du fluide parfait.

Lorsque l'hypothèse de variabilité de ℓ n'est pas réalisée, les choses ne sont plus aussi
simple et les résultats dépendent totalement de la manière dont ℓ^2 approche l'équilibre.
On peut cependant toujours les calculer en se servant des expressions données dans les
sections précédentes en fonction de $\int \ell^2 d\Omega$.

Lorsque k tend vers une constante non nulle, l'état d'équilibre est différent et nous
trouvons que :

Isotropisation avec $\Omega_m \nrightarrow 0$:
Soit une théorie tenseur-scalaire minimalement couplée et massive et la quantité ℓ

définie par $\ell = \frac{\phi U_\phi}{U(3+2\omega)^{1/2}}$. *Le comportement asymptotique du champ scalaire à l'approche de l'isotropie peut être déduit du fait que* $U \propto V^{-\gamma}$: *le potentiel du champ scalaire est proportionnel à la densité d'énergie du fluide parfait. Une condition nécessaire à l'isotropisation de classe 1 sera que* $\ell^2 > \frac{3\gamma}{2}$, ℓ^2 *soit fini et* $0 < \gamma < 2$. *Alors le potentiel disparaît comme* t^{-2} *et les fonctions métriques tendent vers* $t^{\frac{2}{3\gamma}}$.

Ce dernier résultat montre que la théorie tenseur-scalaire a alors comme attracteur aux époques tardives la Relativité Générale avec un fluide parfait en accord avec [42]. La présence du champ scalaire n'a plus aucun effet sur l'évolution asymptotique des fonctions métriques. Ainsi pour un fluide de poussière tel que $\gamma = 1$, l'Univers tend vers celui d'Einstein-De Sitter avec $e^{-\Omega} \to t^{2/3}$ et pour un fluide radiatif tel que $\gamma = 4/3$, vers un Univers de Tolman avec $e^{-\Omega} \to t^{1/2}$. Remarquons également que les intervalles de ℓ^2 permettant l'isotropisation lorsque $k \to 0$ et $k \not\to 0$ sont complémentaires.

Les applications que nous allons faire concernent les mêmes théories que celles de la section précédente.

Commençons par considérer un potentiel en exponentiel du champ scalaire. De la même manière qu'en l'absence de fluide parfait, nous obtenons que lorsque $k \to 0$ (respectivement $k \not\to 0$), $m^2 < 3\gamma$ et les fonctions métriques tendent vers $t^{2m^{-2}}$ (respectivement $m^2 > 3\gamma$ et les fonctions métriques tendent vers $t^{\frac{2}{3\gamma}}$). Si $m = 0$, l'Univers tend vers un modèle de De Sitter tel que $k \to 0$. Ces résultats sont en accords avec ceux trouvés dans [43] pour les modèles FLRW. Cependant dans ce dernier papier, une solution stable de type trackers avait aussi été trouvée lorsque $m^2 > 6$. Ici nous ne la retrouvons pas car elle ne permet pas l'isotropie.

En ce qui concerne le potentiel en puissance du champ scalaire lorsque $k \to 0$, nous savons que l'hypothèse de variabilité de ℓ n'est pas vérifiée puisque ℓ tend vers zéro mais que l'intégrale de son carré diverge comme $\frac{m}{4} \ln(-\Omega)$ en $\Omega \to -\infty$ et avec $m < 0$. Tenant compte de cet élément, le calcul de k^2 et de son intégrale nous donne alors :

$$k^2 \to k_0^2(-\Omega)^{-m/2}e^{3\gamma\Omega}$$

et

$$\int k^2 d\Omega \propto \Gamma(1 - m/2, -3\gamma\Omega) \to 0$$

lorsque $\Omega \to -\infty$, Γ étant la fonction d'Euler. Par conséquent, ces deux quantités tendent vers zéro sans condition supplémentaire et on retrouve les mêmes résultats qu'en l'absence de fluide parfait.

Lorsque k^2 tend vers une constante non nulle, le champ scalaire se comporte comme $\phi \to e^{-\frac{3\gamma}{m}\Omega}$ et donc ℓ disparaît ou est divergent, interdisant une isotropisation de classe 1.

5.3   Avec un second champ scalaire

Nous considérons désormais deux champs scalaires avec un fluide parfait.
Bien que la plupart des papiers ne prennent en compte qu'un seul champ scalaire, il
y a beaucoup de raisons de penser qu'il pourrait y en avoir d'autres. Ainsi la physique des particules prédit l'existence de corrections qui se traduisent par l'ajout de
termes supplémentaires au scalaire de courbure dans le Lagrangien. Une telle théorie
peut être changée via une transformation conforme[44, 45, 46] en une théorie tenseur-
scalaire avec plusieurs champs scalaires. Dans les théories supersymétriques, l'ajout de
plusieurs champs scalaires permet l'égalité entre les degrés de liberté bosoniques et fer-
mioniques. D'autres raisons sont liées aux théories inflationnaires telle que l'inflation
hybride qui nécessite deux champs scalaires[47, 48] : un premier, ψ, décroît vers son
minimum local correspondant à un faux vide. Alors l'énergie du vide domine et l'inflation primordiale commence. Pendant ce temps, un second champ scalaire ϕ varie et
lorsqu'il atteint une valeur seuil, une variation rapide de ψ se produit. Les deux champs
s'ajustent vers des valeurs correspondant à un vrai vide et la fin de l'inflation. Enfin une
dernière raison tient à l'existence de champs scalaires complexes. Une théorie tenseur-
scalaire avec un champ scalaire complexe ζ peut être transformée en une autre avec
deux champs scalaires réels ψ et ϕ à l'aide de la transformation $\zeta = \frac{1}{\sqrt{2m}}\psi e^{im\phi}$.

5.3.1   Equations de champs

L'Hamiltonien ADM d'une théorie tenseur-scalaire avec deux champs scalaires et
un fluide parfait s'écrit comme :

$$H^2 = p_+^2 + p_-^2 + 12\frac{p_\phi^2\phi^2}{3 + 2\omega} + 12\frac{p_\psi^2\psi^2}{3 + 2\mu} + 24\pi^2 R_0^6 e^{-6\Omega}U + \delta e^{3(\gamma-2)\Omega}$$

et généralise de manière naturelle celui à un champ scalaire. On en déduit les équations
de Hamilton :

$$\dot{\beta}_\pm = \frac{\partial H}{\partial p_\pm} = \frac{p_\pm}{H} \tag{5.32}$$

$$\dot{\phi} = \frac{\partial H}{\partial p_\phi} = \frac{12\phi^2 p_\phi}{(3 + 2\omega)H} \tag{5.33}$$

$$\dot{\psi} = \frac{\partial H}{\partial p_\psi} = \frac{12\psi^2 p_\psi}{(3 + 2\mu)H} \tag{5.34}$$

$$\dot{p}_\pm = -\frac{\partial H}{\partial \beta_\pm} = 0 \tag{5.35}$$

$$\dot{p}_\phi = -\frac{\partial H}{\partial \phi} = -12\frac{\phi p_\phi^2}{(3+2\omega)H} + 12\frac{\omega_\phi \phi^2 p_\phi^2}{(3+2\omega)^2 H} + 12\frac{\mu_\phi \psi^2 p_\psi^2}{(3+2\mu)^2 H} - 12\pi^2 R_0^6 \frac{e^{-6\Omega} U_\phi}{H}$$
(5.36)

$$\dot{p}_\psi = -\frac{\partial H}{\partial \psi} = -12\frac{\psi p_\psi^2}{(3+2\mu)H} + 12\frac{\omega_\psi \phi^2 p_\phi^2}{(3+2\omega)^2 H} + 12\frac{\mu_\psi \psi^2 p_\psi^2}{(3+2\mu)^2 H} - 12\pi^2 R_0^6 \frac{e^{-6\Omega} U_\psi}{H}$$
(5.37)

$$\dot{H} = \frac{dH}{d\Omega} = \frac{\partial H}{\partial \Omega} = -72\pi^2 R_0^6 \frac{e^{-6\Omega} U}{H} + 3/2\delta(\gamma-2)\frac{e^{3(\gamma-2)\Omega}}{H}$$
(5.38)

On choisit toujours les fonctions shits telles que $N_i = 0$ et la fonction lapse garde la même forme que dans les sections précédentes, soit $N = \frac{12\pi R_0^3 e^{-3\Omega}}{H}$. On va se servir alors des variables suivantes pour réécrire ces équations :

$$x = H^{-1}$$
(5.39)

$$y = \pi R_0^3 \sqrt{e^{-6\Omega} U} H^{-1}$$
(5.40)

$$z = p_\phi \phi (3+2\omega)^{-1/2} H^{-1}$$
(5.41)

$$w = p_\psi \psi (3+2\mu)^{-1/2} H^{-1}$$
(5.42)

Comme dans la section précédente, en présence d'un fluide parfait nous définissons la variable k telle que $k^2 = \delta e^{3(\gamma-2)\Omega} H^{-2} = \delta y^2 V^{-\gamma} U^{-1}$. La contrainte Hamiltonienne s'écrit alors :

$$p^2 x^2 + 24y^2 + 12z^2 + 12w^2 + k^2 = 1$$
(5.43)

et les équations de champs :

$$\dot{x} = 72y^2 x - 3/2(\gamma-2)k^2 x$$
(5.44)

$$\dot{y} = y(6\ell_{\phi_1} z + 6\ell_{\psi_1} w + 72y^2 - 3) - 3/2(\gamma-2)k^2 y$$
(5.45)

$$\dot{z} = 24y^2(3z - 1/2\ell_{\phi_1}) + 12w(w\ell_{\phi_2} - z\ell_{\psi_2}) - 3/2(\gamma-2)k^2 z$$
(5.46)

$$\dot{w} = 24y^2(3w - 1/2\ell_{\psi_1}) + 12z(z\ell_{\psi_2} - w\ell_{\phi_2}) - 3/2(\gamma-2)k^2 w$$
(5.47)

avec

$$\ell_{\phi_1} = \phi U_\phi U^{-1}(3+2\omega)^{-1/2}$$

$$\ell_{\psi_1} = \psi U_\psi U^{-1}(3+2\mu)^{-1/2}$$

$$\ell_{\phi_2} = \phi \mu_\phi (3+2\mu)^{-1}(3+2\omega)^{-1/2}$$

$$\ell_{\psi_2} = \psi \omega_\psi (3+2\omega)^{-1}(3+2\mu)^{-1/2}$$

De plus, les équations de Hamilton pour les champs scalaires sont :

$$\dot{\phi} = 12z\frac{\phi}{\sqrt{3+2\omega}}$$
(5.48)

$$\dot{\psi} = 12w \frac{\psi}{\sqrt{3 + 2\mu}} \tag{5.49}$$

Dans ce qui suit nous adopterons l'hypothèse de variabilité aux quatre fonctions ℓ. Ceci permet d'alléger considérablement les calculs, sachant que cette hypothèse peut être levée comme prescrit dans la section 5. Nous allons étudier deux familles de théories tenseur-scalaires :

– La première est telle que ω et μ dépendent respectivement de ϕ et ψ seulement, c'est-à-dire $\ell_{\phi_2} = \ell_{\psi_2} = 0$ alors que U pourra dépendre des deux champs scalaires. Donc le couplage entre ϕ et ψ n'apparaît qu'à travers le potentiel. Ce type de théories est souvent l'aboutissement de la compactification d'espace-temps de dimensions supérieures à quatre.

– La seconde est telle que U et μ ne dépendent que de ψ alors que ω dépend des deux champs scalaires. Nous aurons alors $\ell_{\phi_1} = \ell_{\phi_2} = 0$. Ces caractéristiques résultent de la transformation d'un Lagrangien avec un champ scalaire complexe en un autre Lagrangien avec deux champs scalaires réels

Chacune de ces théories sera étudiée avec et sans fluide parfait.

5.3.2   Sans fluide parfait

Dans cette partie, on considère que $k = 0$ strictement, c'est-à-dire l'absence de fluide parfait et nous examinons successivement les deux cas décrits ci-dessus, à savoir $\ell_{\phi_2} = \ell_{\psi_2} = 0$ et $\ell_{\phi_1} = \ell_{\phi_2} = 0$.

$\underline{\ell_{\phi_2} = \ell_{\psi_2} = 0}$

Nous commençons par calculer les points d'équilibre compatibles avec une isotropisation de classe 1. Nous trouvons :

$$(x, y, z, w) = (0, \pm(3 - \ell_{\phi_1}^2 - \ell_{\psi_1}^2)^{1/2}(\sqrt{3}R)^{-1}, \ell_{\phi_1}/6, \ell_{\psi_1}/6)$$

Ils sont réels si $\ell_{\phi_1}^2 + \ell_{\psi_1}^2 < 3$ et permettent aux variables y et z d'atteindre l'équilibre et d'être bornées si ℓ_{ϕ_1} et ℓ_{ψ_1} tendent vers des constantes.

En ce qui concerne les fonctions monotones, on peut à nouveau montrer que Ω est une fonction monotone du temps propre t telle que $\Omega \to -\infty$ correspond aux époques tardives si l'Hamiltonien est initialement positif (Pour des détails techniques voir [49]).

Pour les comportements asymptotiques des fonctions, on montre en utilisant l'hypothèse de variabilité appliquée à ℓ_{ϕ_1} et ℓ_{ψ_1} que :

$$x \to x_0 e^{(3 - \ell_{\phi_1}^2 - \ell_{\psi_1}^2)\Omega}$$

Cette quantité tend bien vers zéro en $\Omega \to -\infty$ lorsque la condition de réalité des points d'équilibre est respectée. En se servant de l'expression de la fonction lapse et de la relation $dt = -Nd\Omega$, on trouve qu'asymptotiquement les fonctions métriques tendront vers :

$$e^{-\Omega} \to t^{(\ell_{\phi_1}^2 + \ell_{\psi_1}^2)^{-1}}$$

lorsque $\ell_{\phi_1}^2 + \ell_{\psi_1}^2$ tend vers une constante non nulle ou vers une exponentielle du temps propre sinon : le potentiel tend alors respectivement vers t^{-2} ou une constante.

Les formes asymptotiques des champs scalaires correspondent aux solutions asymptotiques des équations couplées du premier ordre :

$$\dot{\phi} = \frac{2\phi^2 U_\phi}{(3 + 2\omega)U}$$

$$\dot{\psi} = \frac{2\psi^2 U_\psi}{(3 + 2\mu)U}$$

L'ensemble de ces résultats généralise ceux trouvés en présence d'un unique champ scalaire.

$\ell_{\phi_1} = \ell_{\phi_2} = 0$

Comme nous allons le voir, les choses sont ici complètement différentes. Tout d'abord on trouve deux points d'équilibre pouvant correspondre à un état isotrope stable :

$$
\begin{aligned}
E_1 &= (0, \pm(1 - \ell_{\psi_1}^2/3)^{1/2}R^{-1}, 0, \ell_{\psi_1}/6) \\
E_2 &= (0, \pm\left[2\ell_{\psi_2}(\ell_{\psi_1} + 2\ell_{\psi_2})^{-1}\right]^{1/2} R^{-1}, \\
&\quad \pm(\ell_{\psi_1}^2 + 2\ell_{\psi_1}\ell_{\psi_2} - 3)^{1/2}\left[2\sqrt{3}(\ell_{\psi_1} + 2\ell_{\psi_2})\right]^{-1}, \\
&\quad (2\ell_{\psi_1} + 4\ell_{\psi_2})^{-1})
\end{aligned}
$$

Le premier sera réel et fini si $\ell_{\psi_1}^2 \leq 3$ et tend vers une constante. Pour le second, il faut que $\ell_{\psi_2}(\ell_{\psi_1} + 2\ell_{\psi_2})^{-1}$ tende vers une constante positive, $\ell_{\psi_1}(\ell_{\psi_1} + 2\ell_{\psi_2}) \geq 3$ et $\ell_{\psi_1} + 2\ell_{\psi_2} \neq 0$. Notons que pour E_2, ℓ_{ψ_1} et ℓ_{ψ_2} ne sont pas nécessairement finis.

On peut dire la même chose que plus haut sur la monotonie de la fonction Ω par rapport au temps propre t.

Pour le premier point d'équilibre, on trouve que le comportement asymptotique de z est :

$$z \to e^{(3 - \ell_{\psi_1}^2)\Omega - 2\int \ell_{\psi_1}\ell_{\psi_2}d\Omega}$$

Une intégrale apparaît dans cette équation car l'expression des points d'équilibre n'impose aucune contrainte à ℓ_{ψ_2} qui peut par exemple diverger. Elle montre que nous devons avoir

$$(3 - \ell_{\psi_1}^2)\Omega - 2\int \ell_{\psi_1}\ell_{\psi_2}d\Omega \to -\infty$$

afin que z disparaisse. De plus, si l'on considère l'équation (5.47), on remarque la présence du terme $z^2\ell_{\psi_2}$. On en déduit que z doit disparaître suffisamment vite pour permettre à w d'atteindre l'équilibre et ainsi contrer une éventuelle divergence de ℓ_{ψ_2}, soit

$$z^2\ell_{\psi_2} \to 0$$

La variable x se comporte quant à elle comme :

$$x_0 e^{(3-\ell_{\psi_1}^2)\Omega}$$

c'est-à-dire comme en présence d'un unique champ scalaire. Nous verrons ce que cela signifie physiquement dans la section 6.3. Elle disparaît bien en $\Omega \to -\infty$ lorsque la condition de réalité des points d'équilibre est respectée. Comme précédemment et en appliquant l'hypothèse de variabilité à ℓ_{ψ_1}, on obtient que si l'isotropisation se produit, les fonctions métriques tendent vers

$$e^{-\Omega} \to t^{\ell_{\psi_1}^{-2}}$$

lorsque ℓ_{ψ_1} tend vers une constante non nulle ou vers une exponentielle du temps propre sinon. Le potentiel tend alors respectivement vers t^{-2} ou une constante.

Les formes asymptotiques des champs scalaires correspondent aux solutions asymptotiques des équations couplées du premier ordre :

$$\dot{\phi} = 12\phi(3 + 2\omega)^{-1/2}e^{(3-\ell_{\psi_1}^2)\Omega-2\int \ell_{\psi_1}\ell_{\psi_2}d\Omega}$$

$$\dot{\psi} = \frac{2\psi^2 U_\psi}{(3 + 2\mu)U} \tag{5.50}$$

Pour le second point d'équilibre, appliquant l'hypothèse de variabilité à $\ell_{\psi_2}(\ell_{\psi_1} + 2\ell_{\psi_2})^{-1}$, on trouve pour le comportement asymptotique de x :

$$x \to x_0 e^{3[2\ell_{\psi_2}(\ell_{\psi_1}+2\ell_{\psi_2})^{-1}]\Omega}$$

Puisque $2\ell_{\psi_2}(\ell_{\psi_1} + 2\ell_{\psi_2})^{-1}$ tend vers une constante positive, x disparaît bien en $\Omega \to -\infty$. Alors lorsque $1 - 2\ell_{\psi_2}(\ell_{\psi_1} + 2\ell_{\psi_2})^{-1} = \ell_{\psi_1}(\ell_{\psi_1} + 2\ell_{\psi_2})^{-1}$ tend vers une constante non nulle, les fonctions métriques tendent vers :

$$e^{-\Omega} \to t^{(\ell_{\psi_1}+2\ell_{\psi_2})(3\ell_{\psi_1})^{-1}}$$

ou vers une exponentielle du temps propre sinon. A partir des conditions de réalités du point E_2, il est possible de vérifier que cette puissance de t est positive, en accord avec la croissance de $e^{-\Omega}$ lorsque $\Omega \to -\infty$. A nouveau le potentiel tend vers t^{-2} ou une constante selon que $\ell_{\psi_1}(\ell_{\psi_1} + 2\ell_{\psi_2})^{-1}$ tend vers une constante non nulle ou nulle. Quant aux champs scalaires, leurs comportements asymptotiques sont ceux des solutions du système d'équations différentiels du premier ordre :

$$\dot{\phi} = -2\sqrt{3}\frac{\phi}{\psi} \frac{\sqrt{-3U^2(3+2\mu)(3+2\omega) + \psi^2 U_\psi \left[U(3+2\omega)\right]_\psi}}{\left[U(3+2\omega)\right]_\psi}$$

$$\dot{\psi} = \frac{6U(3+2\omega)}{\left[U(3+2\omega)\right]_\psi} \tag{5.51}$$

Cette dernière équation s'intègre pour donner $U(3 + 2\omega) = e^{6(\Omega - \Omega_0)}$, Ω_0 étant une constante d'intégration.

5.3.3 Avec fluide parfait

Comme en présence d'un seul champ scalaire nous allons scinder cette section en deux parties, selon que le paramètre de densité du fluide parfait tend vers zéro ou une constante non nulle au voisinage de l'isotropie.

$\underline{k \to 0}$

Comme nous l'avons déjà vu, les points d'équilibre et les comportements asymptotiques des fonctions métriques sont les mêmes qu'en l'absence de fluide parfait et $U << V^{-\gamma}$. En revanche, le fait de supposer que $k \to 0$ ajoute une contrainte supplémentaire. Pour le cas où $\ell_{\phi_2} = \ell_{\psi_2} = 0$, la nouvelle contrainte généralise celle trouvée en présence d'un seul champ scalaire avec un fluide parfait : k tendra asymptotiquement vers zéro si $\ell_{\phi_1}^2 + \ell_{\psi_1}^2 < 3/2\gamma$.
En ce qui concerne le cas pour lequel $\ell_{\phi_1} = \ell_{\phi_2} = 0$ et le point E_1, la nouvelle contrainte nécessaire à la disparition de k sera $\ell_{\psi_1}^2 < 3/2\gamma$ et pour le point E_2, $2\ell_{\psi_2}(\ell_{\psi_1+2\ell_{\psi_2}})^{-1} > 1 - \gamma/2$. Le lecteur intéressé par les démonstrations (relativement lourdes !) les trouvera dans [49].

$\underline{k \nrightarrow 0}$

Ce cas implique qu'asymptotiquement $U \propto V^{-\gamma}$. Les points d'équilibre sont alors différents de ceux trouvés lorsque la variable k est nulle ou disparaît asymptotiquement.

Lorsque $\ell_{\phi_2} = \ell_{\psi_2} = 0$, les points d'équilibre correspondant à une isotropisation de classe 1 sont :

$$
\begin{aligned}
E_{4,5} &= \left(0, \pm 1/2\sqrt{3}R^{-1}\left[\gamma(2-\gamma)(\ell_{\phi 1}^2 + \ell_{\psi 1}^2)^{-1}\right]^{1/2}, 1/4\gamma\ell_{\phi 1}(\ell_{\phi 1}^2 + \ell_{\psi 1}^2)^{-1},\right. \\
&\quad \left. 1/4\gamma\ell_{\psi 1}(\ell_{\phi 1}^2 + \ell_{\psi 1}^2)^{-1}\right)
\end{aligned}
$$

avec $k^2 \to 1 - \frac{3\gamma}{2(\ell_{\phi 1}^2 + \ell_{\psi 1}^2)}$ qui est réel et non nul si $\ell_{\phi 1}^2 + \ell_{\psi 1}^2 > 3/2\gamma$. L'équilibre sera atteint si $\ell_{\phi 1}$ et $\ell_{\psi 1}$ tendent vers des constantes. On montre alors que les fonctions métriques tendent vers $t^{\frac{2}{3\gamma}}$, le potentiel vers t^{-2} et que le champ scalaire se comporte asymptotiquement comme la solution en $\Omega \to -\infty$ de

$$
\dot{\phi} = 3\gamma\frac{(3+2\mu)\phi^2 U U_\phi}{(3+2\mu)\phi^2 U_\phi^2 + (3+2\omega)\psi^2 U_\psi^2} \tag{5.52}
$$

$$
\dot{\psi} = 3\gamma\frac{(3+2\omega)\phi\psi U U_\psi}{(3+2\mu)\phi^2 U_\phi^2 + (3+2\omega)\psi^2 U_\psi^2} \tag{5.53}
$$

Lorsque $\ell_{\phi_1} = \ell_{\phi_2} = 0$, les points d'équilibre correspondant à une isotropisation de classe 1 sont :

$$
E_{2,3} = (0, \pm 1/2R^{-1}\ell_{\psi 1}^{-1}\sqrt{3\gamma(2-\gamma)}, 0, 1/4\gamma\ell_{\psi 1}^{-1})
$$

avec $k^2 \to 1 - 3/2\gamma\ell_{\psi 1}^{-2}$. La réalité de k implique donc que $\ell_{\psi 1}^2 > 3/2\gamma$. De plus, afin d'atteindre un état d'équilibre correspondant à une isotropisation de classe 1 telle que $y \neq 0$, il est nécessaire que $\ell_{\psi 1}$ tende vers une constante. Les fonctions métriques et le potentiel tendent alors respectivement vers $t^{\frac{2}{3\gamma}}$ et t^{-2}. Le comportement asymptotique du champ scalaire ψ peut être déterminé grâce au fait que $U(\psi) \propto V^{-\gamma}$ et celui du champ scalaire ϕ par la relation

$$
\dot{\phi} = \phi_0\frac{12\phi}{\sqrt{3+2\omega}}e^{3\left[(1-\gamma/2)\Omega - \gamma\int \ell_{\psi 2}\ell_{\psi 1}^{-1}d\Omega\right]}
$$

Dans tous ces calculs pour lesquels $k \not\to 0$, aucune hypothèse de variabilité n'a été faite.

5.3.4 Discussion

Résumons nos résultats. Nous rappelons qu'ils concernent une isotropisation de classe 1 et que les comportements asymptotiques des fonctions ont été établis en supposant, sauf autrement précisé, des hypothèses de variabilité et que les variables (y, z, w) tendent suffisamment vite vers leurs valeurs à l'équilibre.

Cas A : Sans fluide parfait :

Cas 1A : $\omega(\phi)$, $\mu(\psi)$ et $U(\phi, \psi)$
*Une condition nécessaire pour l'isotropisation du modèle de Bianchi de type I lorsque
deux champs scalaires minimalement couplés et massifs sont présents sera que les deux
quantités $\ell_{\phi_1} = \phi U_\phi U^{-1}(3 + 2\omega)^{-1/2}$ et $\ell_{\psi_1} = \psi U_\psi U^{-1}(3 + 2\mu)^{-1/2}$ tendent vers des
constantes telles que $\ell_{\phi_1}^2 + \ell_{\psi_1}^2 < 3$. Lorsque l'isotropisation se produit et que l'une
des deux constantes est non nulle, les fonctions métriques tendent vers $t^{(\ell_{\phi_1}^2 + \ell_{\psi_1}^2)^{-1}}$ et le
potentiel vers t^{-2}. Si les deux constantes disparaissent, l'Univers tend vers un modèle
de De Sitter et le potentiel vers une constante.*

Si l'on pose $\ell_{\psi_1} = 0$, on retrouve les mêmes résultats qu'en présence d'un seul champ
scalaire. Ceux ci peuvent être généralisés à la présence de n champs scalaires ϕ_i dont
la fonction de Brans-Dicke ω_i ne dépend uniquement que du champ ϕ_i(voir l'annexe 1
de l'article [49]). Pour cela, il est suffisant de remplacer $\ell_{\phi_1}^2 + \ell_{\psi_1}^2$ par la somme $\Sigma_i \, \ell_i^2$.
Dans la littérature, il a été montré que la présence de plusieurs champs scalaires pou-
vait favoriser l'inflation. C'est ce que l'on appelle l'inflation assistée[50]. L'inverse a
aussi été montré : plus il y a de champs scalaires, moins l'inflation a de chances de se
produire[50]. Il semble que ce soit ce dernier comportement qui arrive lors de l'isotropisation : plus il y a de champs scalaires, plus ils contribuent au dénominateur de la
puissance du temps vers laquelle tendent les fonctions métriques, et moins de chance
elle aura d'être supérieure à l'unité et de permettre un comportement accéléré de la
métrique.

Cas 2A : $\omega(\phi, \psi)$, $\mu(\psi)$ et $U(\psi)$
*Il existe deux points d'équilibre E_1 et E_2 qui peuvent correspondre à un état d'équilibre
isotrope pour le modèle de Bianchi de type I lorsque deux champs scalaires minimalement couplés et massifs sont présents. Les conditions nécessaires pour atteindre
l'équilibre sont exprimées à l'aide des deux quantités $\ell_{\psi_1} = \psi U_\psi U^{-1}(3 + 2\mu)^{-1/2}$ et
$\ell_{\psi_2} = \psi \omega_\psi (3 + 2\omega)^{-1}(3 + 2\mu)^{-1/2}$:*

– *Pour le point E_1, il est nécessaire que $\ell_{\psi_1}^2 < 3$ et $(3 - \ell_{\psi_1}^2)\Omega - 2 \int \ell_{\psi_1} \ell_{\psi_2} d\Omega \to -\infty$.
Lorsque l'isotropisation se produit et si ℓ_{ψ_1} tend vers une constante non nulle, les
fonctions métriques tendent vers $t^{\ell_{\psi_1}^{-2}}$ et le potentiel disparaît comme t^{-2}.
Lorsque l'isotropisation se produit et si ℓ_{ψ_1} tend vers zéro, l'Univers tend vers un
modèle de De Sitter et le potentiel vers une constante. Si de plus ℓ_{ψ_2} diverge, une
condition supplémentaire pour l'isotropisation est que $\ell_{\psi_2} e^{2[(3 - \ell_{\psi_1}^2)\Omega - 2\int \ell_{\psi_1}\ell_{\psi_2} d\Omega]} \to$*

0.

– *Pour le point E_2, il est nécessaire que $0 < 2\ell_{\psi_2}(\ell_{\psi_1} + 2\ell_{\psi_2})^{-1} < 1$, $\ell_{\psi_1} + 2\ell_{\psi_2} \neq 0$ et $\ell_{\psi_1}(\ell_{\psi_1} + 2\ell_{\psi_2}) > 3$.*

Lorsque l'isotropisation se produit et si $\ell_{\psi_1}(\ell_{\psi_1} + 2\ell_{\psi_2})^{-1}$ tend vers une constante non nulle, les fonctions métriques tendent vers $t^{(\ell_{\psi_1} + 2\ell_{\psi_2})(3\ell_{\psi_1})^{-1}}$ et le potentiel disparaît comme t^{-2}.

Lorsque l'isotropisation se produit et si $\ell_{\psi_1}(\ell_{\psi_1} + 2\ell_{\psi_2})^{-1}$ tend vers zéro, l'Univers tend vers un modèle de De Sitter et le potentiel vers une constante.

Pour ce second type de théories lié aux champs scalaires complexes, il existe donc deux points d'équilibre ce qui n'est jamais le cas avec un unique champ scalaire réel. Pour le premier point d'équilibre, le comportement asymptotique des fonctions métriques ne dépend que de ψ alors que pour le second, il dépend des deux champs scalaires.

Cas B : Avec fluide parfait :

A nouveau les résultats dépendent du fait que k tende ou non vers une constante différente de zéro.

Case 1B : $\omega(\phi)$, $\mu(\psi)$ et $U(\phi, \psi)$.
Une condition nécessaire pour l'isotropisation du modèle de Bianchi de type I lorsque deux champs scalaires minimalement couplés et massifs sont présents et tels que $U \propto V^{-\gamma}$ ($\Omega_m \not\to 0$) sera que les quantités $\ell_{\phi_1} = \phi U_\phi U^{-1}(3+2\omega)^{-1/2}$ et $\ell_{\psi_1} = \psi U_\psi U^{-1}(3+2\mu)^{-1/2}$ tendent vers des constantes telles que $\ell_{\phi_1}^2 + \ell_{\psi_1}^2 > 3/2\gamma$. Alors, lorsque l'iso-tropisation se produit les fonctions métriques tendent vers $t^{\frac{2}{3\gamma}}$ et le potentiel disparaît comme t^{-2}. Lorsque l'isotropisation se produit telle que $U >> V^{-\gamma}$ ($\Omega_m \to 0$), nous retrouvons les mêmes résultats que dans le cas 1A mais la condition sur $\ell_{\phi_1}^2 + \ell_{\psi_1}^2$ est transformée en $\ell_{\phi_1}^2 + \ell_{\psi_1}^2 < 3/2\gamma$.

Lorsque $k \to const \neq 0$, le comportement asymptotique des fonctions métriques est le même qu'en présence d'un seul champ scalaire, montrant la stabilité de ce résultat vis à vis de la présence d'un second champ. Si maintenant nous considérons le second type de couplage en relation avec des champs scalaires complexes, nous avons :

Cas 2B : $\omega(\phi, \psi)$, $\mu(\psi)$ et $U(\psi)$.
Soient les quantités $\ell_{\psi_1} = \psi U_\psi U^{-1}(3+\mu)^{-1/2}$ et $\ell_{\psi_2} = \psi \omega_\psi (3+\omega)^{-1}(3+2\mu)^{-1/2}$. Des conditions nécessaires pour l'isotropisation du modèle de Bianchi de type I lorsque deux champs scalaires minimalement couplés et massifs sont présents et tels que $U \propto$

$V^{-\gamma}$ ($k \to const \neq 0$) seront que ℓ_{ψ_1} tend vers une constante telle que $\ell_{\psi_1}^2 > 3/2\gamma$ et $(1 - \gamma/2)\Omega - \gamma \int \ell_{\psi_2}\ell_{\psi_1}^{-1}d\Omega \to -\infty$ lorsque $\Omega \to -\infty$. Lorsque l'isotropisation se produit, les fonctions métriques tendent vers $t^{\frac{2}{3\gamma}}$ et le potentiel disparaît comme t^{-2}. Lorsque l'isotropisation se produit telle que $U >> V^{-\gamma}$ ($k \to 0$), nous retrouverons les mêmes résultats que pour le cas $2A$ mais les conditions nécessaires pour l'isotropisation vers les points d'équilibre E_1 et E_2 sont respectivement transformées en $\ell_{\psi_1}^2 < 3/2\gamma$ et $1 - \gamma/2 < 2\ell_{\psi_2}(\ell_{\psi_1+2\ell_{\psi_2}})^{-1} < 1$.

5.3.5 Applications

Afin d'illustrer nos résultats, nous allons examiner les conditions de l'isotropisation de quelques théories étudiées dans la littérature.

Inflation hybride

Au début de la section 5.3, nous avons expliqué le lien entre les théories tenseur-scalaires avec deux champs scalaires et l'inflation hybride . L'inflation hybride a entre autre été étudiée dans [47] avec une théorie tenseur-scalaire définie par :

$$(3 + 2\omega)\phi^{-2} = 2 \tag{5.54}$$

$$(3 + 2\mu)\psi^{-2} = 2 \tag{5.55}$$

$$U = 1/4\lambda(\psi^2 - M^2) + 1/2m^2\phi^2 + 1/2\lambda'\phi^2\psi^2 \tag{5.56}$$

m, M, λ et λ' étant des constantes. Cette théorie correspond aux cas $1A$ et $1B$ définis dans la discussion. Le même type de théorie est également utilisé dans [48] du point de vue des défauts topologiques. Pour un modèle FLRW avec section spatiale plate, l'inflation s'arrête quand l'état de vrai vide, correspondant au minimum global du potentiel en $(\phi, \psi) = (0, M)$, est atteint. Lorsque aucun fluide parfait n'est présent, on calcule que ℓ_{ϕ_1} et ℓ_{ψ_1} sont respectivement proportionnels à $\dot\phi$ et $\dot\psi$ et s'écrivent :

$$\ell_{\phi_1} = \frac{2\sqrt{2}\phi(m^2 + \lambda'\psi^2)}{\lambda(M^2 - \psi^2)^2 + 2\phi^2(m^2 + \lambda'\psi^2)} \tag{5.57}$$

$$\ell_{\psi_1} = \frac{2\sqrt{2}\psi\left[\lambda'\phi^2 + \lambda(\psi^2 - M^2)\right]}{\lambda(M^2 - \psi^2)^2 + 2\phi^2(m^2 + \lambda'\psi^2)} \tag{5.58}$$

Lorsque $(\phi, \psi) = (0, M)$, nous avons de manière évidente $\phi \to 0$ et $M^2 - \psi^2 \to 0$. Alors, si l'on suppose que la disparition de ϕ est plus petite, plus rapide ou du même ordre que $M^2 - \psi^2$, nous trouvons respectivement que ℓ_{ϕ_1}, ℓ_{ψ_1} ou le couple

$(\ell_{\phi_1}, \ell_{\psi_1})$ divergent. Donc, il en est de même pour les dérivées des champs scalaires. Par conséquent, le couple $(\phi, \psi) = (0, M)$ représente un état asymptotique de vrais vide qui ne peut se produire lors d'une isotropisation de classe 1 du modèle de Bianchi de type I.

En présence d'un fluide parfait, des simulations numériques indiquent que ϕ oscille vers zéro alors que ψ tend vers une constante M_0 différente de M lorsque $\Omega \to -\infty$. Donc le potentiel tend vers une constante et non vers $V^{-\gamma}$. Par conséquent, l'isotropisation ne se produit pas lorsque $k \neq 0$. Puisqu'elle ne peut pas non plus arriver en l'absence de fluide parfait, nous concluons à l'absence d'isotropisation de classe 1 également lorsque $k \to 0$.

Donc, l'isotropisation de classe 1 semble impossible pour la théorie définie ci-dessus. Des simulations numériques effectuées sur le système (5.44-5.47) confirme ce résultat et ne montre pas non plus d'isotropisation de classe 2 ou 3.

Théories d'ordre supérieure et compactification

Une autre théorie peut être définie par les même formes de fonctions de couplage de Brans-Dicke mais avec un autre potentiel :

$$U = U_0 e^{-\sqrt{2/3}n\phi} e^{-5\sqrt{3}/6n\psi} (e^{\sqrt{3}/2\psi} - 1)^m \qquad (5.59)$$

avec $n > 0$ et $m > 0$ (ces suppositions permettent de simplifier l'étude). De tels potentiels apparaissent lorsque l'on compactifie l'espace-temps et transforme une théorie d'ordre supérieure pour le scalaire de Ricci en une forme relativiste. Ainsi dans [45], une transformation conforme est appliquée à la théorie définie par $S = \int d^5 x \sqrt{G_5} (\frac{M_5^3}{16\pi} R_5 + \alpha M_5^{-3} R_5^4)$ et permet d'obtenir la théorie tenseur-scalaire ci-dessus avec $m = 4/3$, alors que si l'on considère l'action $S = \int d^5 x \sqrt{G_5} (\frac{M_5^3}{16\pi} R_5 + b M_5 R_5^2 + c M_5^{-3} R_5^4)$, cela correspond cette fois à $m = 2$. Ces actions sont liées à la compactification de la théorie M. En l'absence de fluide parfait, utilisant les comportements asymptotiques des champs scalaires, nous trouvons que près de l'isotropie :

$$\phi \to -\sqrt{2/3}n\Omega \qquad (5.60)$$

$$-\sqrt{2/3}n\Omega + \phi_0 \to -\frac{2\sqrt{2}}{5(5n - 3m)} \left[2\sqrt{3}m \ln \left[e^{\sqrt{3}\psi/2}(5n - 3m) - 5n \right] + (5n - 3m)\psi \right]$$
$$(5.61)$$

Puisque $n > 0$, ψ ne diverge pas vers $-\infty$ autrement le membre de gauche de l'équation (5.61) serait complexe. Les simulations numériques montrent que ψ tend vers $+\infty$

lorsque $\Omega \to -\infty$ et nous déduisons alors de (5.61) que $\psi \to -(5n - 3m)(2\sqrt{3})^{-1}\Omega$.
Cette limite se produira en $\Omega \to -\infty$ si $5n - 3m > 0$. Nous calculons que les quantités
ℓ_{ϕ_1} et ℓ_{ψ_1} tendent respectivement vers les constantes $-n/\sqrt{3}$ et $(3m - 5n)(2\sqrt{6})$. La
condition nécessaire à l'isotropisation est ainsi $(11n^2 - 10nm + 3m^2)/8 < 3$. Sup-
posant que $(n, m) \neq (0, 0)$, le comportement asymptotique des fonctions métriques à
l'approche de l'équilibre isotrope est $t^{24[8n^2 + (5n - 3m)^2]^{-1}}$. Ainsi, après des transformations conformes, ces théories issues de la physique des particules peuvent conduire à
une isotropisation de classe 1 du modèle de Bianchi de type I comme illustré sur la
figure 5.4.

Lorsqu'un fluide parfait est présent, les analyses numériques montrent que ψ est
défini en $\Omega \to -\infty$ et que ce champ scalaire devrait diverger. De la forme de $\dot{\phi}$ et $\dot{\psi}$,
on voit que ψ ne peut pas tendre vers $-\infty$ pour un n positif lorsque $\Omega \to -\infty$. Quand
$\psi \to +\infty$, il vient que $\ell_{\phi_1}^2 + \ell_{\psi_1}^2 \to (11n^2 - 10nm + 3m^2)/8$ et donc cette théorie peut
s'isotropiser vers un état d'équilibre dont la nature (c'est-à-dire le fait que k tende ou
non vers une constante nulle) dépend de la valeur de cette constante par rapport à $3/2\gamma$.
Ce cas est illustré sur le figure 5.5 où une intégration numérique a été effectuée avec
$(11n^2 - 10nm + 3m^2)/8 > 3/2\gamma$. Des intégrations numériques des champs scalaires
produisent également des solutions pour lesquelles ψ tend vers zéro et ϕ tend vers une
constante non nulle, mais alors $\ell_{\phi_1}^2 + \ell_{\psi_1}^2$ diverge et une isotropisation de classe 1 est
impossible.

Champ scalaire complexe avec potentiel quadratique

Les théories correspondant aux cas $2A$ et $2B$ peuvent être liées à la présence d'un
champ scalaire complexe dont le Lagrangien prend généralement la forme[51, 52, 53] :

$$L = R + g^{\mu\nu}\zeta_{,\mu}^*\zeta_{,\nu} - V(|\zeta|^2) + L_m \tag{5.62}$$

En redéfinissant le champ scalaire ζ comme $\zeta = \psi(\sqrt{2}m)e^{-im\phi}$, il vient :

$$L = R + 1/2g^{\mu\nu}(\psi^2\phi_{,\mu}\phi_{,\nu} + m^{-2}\psi_{,\mu}\psi_{,\nu}) - U(\psi^2) + L_m \tag{5.63}$$

ce qui correspond à $3/2 + \mu = 1/2m^{-2}\psi^2$ et $3/2 + \omega = 1/2\phi^2\psi^2$. Le potentiel
dépendant de ψ^2, sa forme la plus simple et la plus naturelle semble être $U = \zeta\zeta^* = \psi^2$.
Cette forme est souvent utilisée par exemple pour la quantification du champ scalaire
dans [51] ou pour étudier si l'inflation est générique pour les modèles spatialement
fermés[53].

Si l'on suppose qu'il n'y a pas de fluide parfait, alors pour le point d'équilibre E_1,
nous obtenons que $\psi \to \pm 2m\sqrt{2(\Omega - \psi_0)}$: ce champ est complexe lorsque $\Omega \to -\infty$

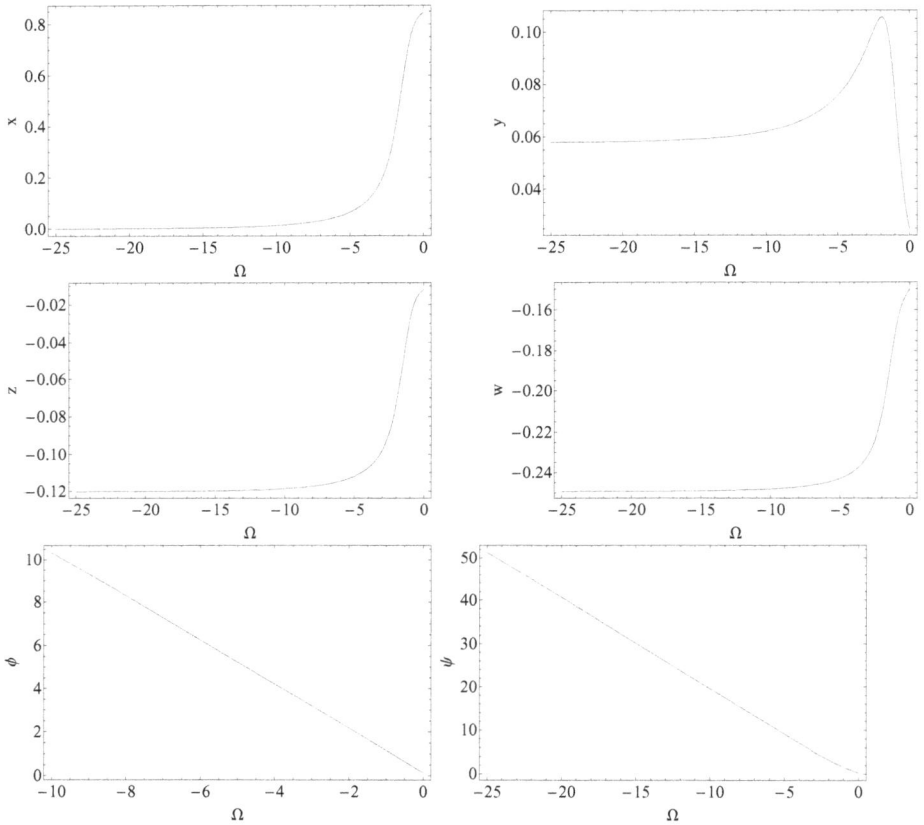

FIGURE 5.4 – Ces figures, avec $-\Omega$ en abscisse, représentent successivement les comportements de (x, y, z, w, ϕ, ψ) pour les conditions initiales $(y, z, w, \phi, \psi) = (0.025, -0.012, -0.15, 0.14, 0.23)$, $p^2 = 1$ et les paramètres $(U_0, n, m) = (3.2, 1.25, -0.36)$. ϕ et ψ se comportent alors respectivement au voisinage de l'isotropie comme -1.02Ω et -2.12Ω. Notons que ℓ_{ϕ_1} est une constante $-n/\sqrt{3} = -0.721688$. Si nous avions choisi $m = -2.36$, $(11n^2 - 10nm + 3m^2)/8 = 7.92 > 3$ et l'isotropisation de classe 1 ne se produit pas car x tend vers une constante non nulle

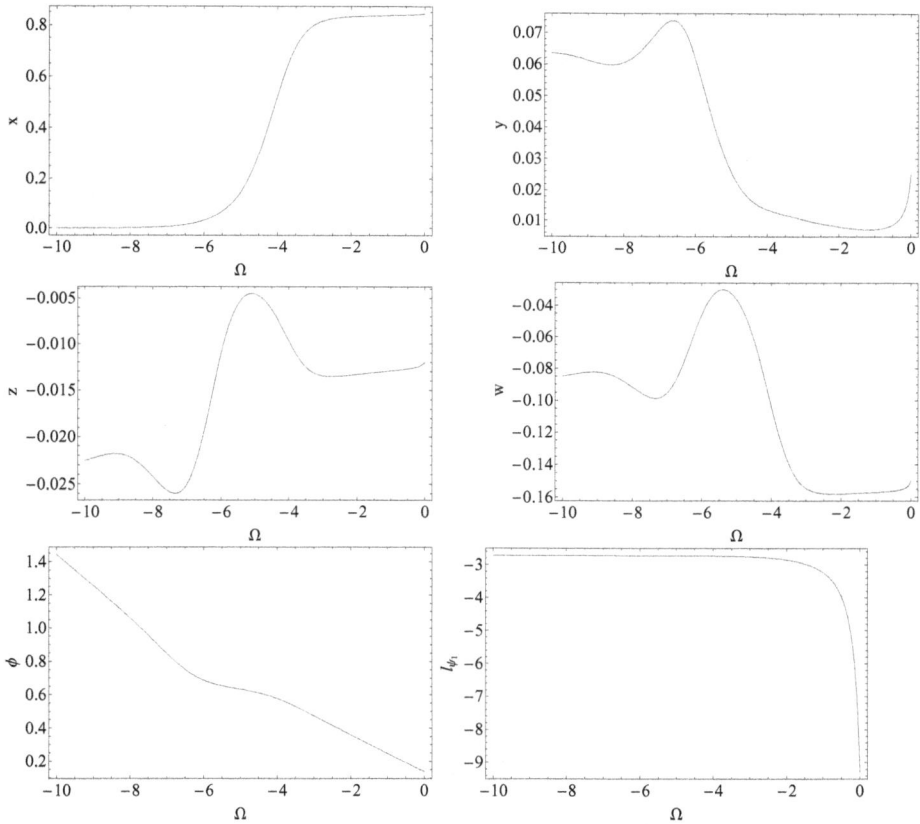

FIGURE 5.5 – Ces figures, avec $-\Omega$ en abscisse, représentent successivement les comportements de (x, y, z, w, ϕ, ψ) pour les conditions initiales $(y, z, w, \phi, \psi) = (0.025, -0.012, -0.15, 0.14, 0.23)$, $p^2 = 1$ et les paramètres $(U_0, n, m) = (3.2, 1.25, -2.36)$ avec un fluide de poussière. Notons que ℓ_{ϕ_1} est une constante valant $-n/\sqrt{3} = -0.721688$.

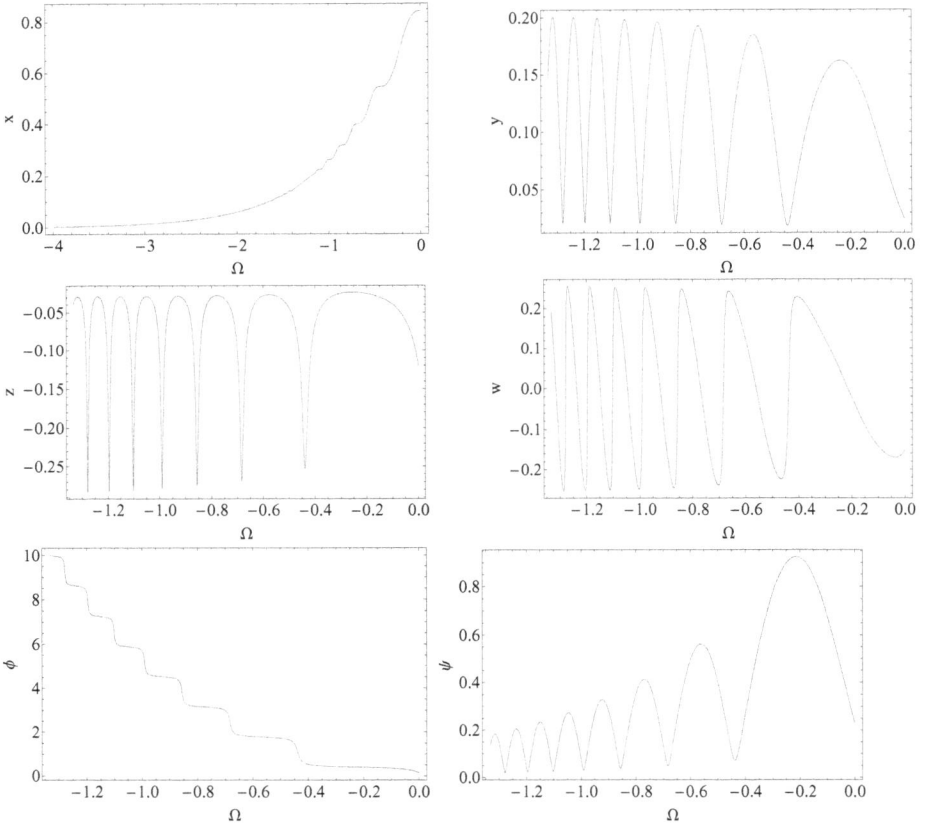

FIGURE 5.6 – Ces figures, avec $-\Omega$ en abscisse, représentent successivement les comportements de (x, y, z, w, ϕ, ψ) pour les conditions initiales $(y, z, w, \phi, \psi) = (0.025, -0.12, -0.15, 0.14, 0.23)$, $p^2 = 1$ et le paramètre $m = -2.3$. x est la seule variable à atteindre l'équilibre alors que y, z et w oscillent de plus en plus lorsque $-\Omega \to +\infty$. Le champ scalaire ψ subit des oscillations amorties (mais les oscillations de ℓ_{ϕ_2} et ℓ_{ψ_2} augmentent).

alors que, par définition, il devrait être réel. Pour le point d'équilibre E_2, nous obtenons $\psi \to \psi_0 e^{3/2\Omega}$ alors que maintenant ϕ tend vers une valeur complexe au lieu d'une valeur réelle. Par conséquent, pour la théorie définie par (5.63) avec $U = \psi^2$, une isotropisation de classe 1 est impossible. Cependant, les simulations numériques portant sur les équations (5.44-5.45) révèle que l'Univers devrait subir une isotropisation de classe 3 comme montré sur la figure 5.6 et avec les caractéristique énoncées à la section 5.1.2 pour cette classe.

Si maintenant on suppose la présence d'un fluide parfait et que l'on considère le cas tel que $k \neq 0$, on calcule que le champ scalaire ψ tend vers $e^{3/2\gamma\Omega}$ et donc ℓ_{ψ_1} diverge comme $e^{-3/2\gamma\Omega}$: l'isotropisation de classe 1 est impossible. Cependant, une fois de plus les intégrations numériques montrent qu'une isotropisation de classe 3 est possible avec k oscillant vers une constante comme montré sur la figure 5.7. Si $k \to 0$,

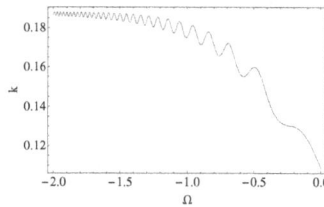

FIGURE 5.7 – Si l'on prend en compte un fluide parfait, k peut atteindre une constante durant l'isotropisation.

une isotropisation de classe 1 est impossible pour les mêmes raisons qu'en l'absence de matière au contraire d'une isotropisation de classe 3.

Défauts topologiques

Un autre type de potentiel a été utilisé dans [54] pour étudier la formation de défauts topologiques après l'inflation. Sa forme est $U = \lambda/2(\psi^2 - \eta^2)^2$ avec λ et η des constantes.

En l'absence de fluide parfait, nous calculons pour le point E_1 que

$$\psi^2 \to -\eta^2 ProductLog(-\eta^{-2}e^{-16m^2\eta^{-2}(\Omega-\phi_0)})$$

, ϕ_0 étant une constante ($ProducLog(z)$ donne la solution principale de w dans $z = we^w$). Mais cette quantité est négative lorsque $\Omega \to -\infty$ et donc une fois de plus ψ est asymptotiquement complexe. Pour le point E_2, nous trouvons aussi que ψ est complexe lorsque $\Omega \to -\infty$ sauf si la constante d'intégration est elle même complexe.

Ainsi, quelque soit le point d'équilibre E_1 et E_2, un état d'équilibre isotrope de classe 1 ne peut se produire car au moins l'un des champs scalaires est complexe aux époques tardives.

Supposons la présence d'un fluide parfait tel que $k \neq 0$, nous avons alors $\psi^2 \to e^{3/2\gamma(\Omega-\Omega_0)} + \eta^2$. Par conséquent, ℓ_{ψ_1} diverge et une isotropisation de classe 1 ne se produit pas pour la même raison que dans l'application précédente. Comme elle n'arrive pas non plus dans le cas du vide, il en est de même si $k \to 0$.

Cependant, une fois de plus, nous avons observé une isotropisation de classe 3. Alors k tend vers une constante avec des oscillations amorties et on observe que x mais aussi z et l'un des champs scalaires peuvent atteindre l'équilibre. Ceci est illustré par la figure 5.8.

Condensat de Bose-Einstein

Dans [55], un condensat de Bose-Einstein est étudié (le Lagrangian est différent de (5.62)) avec un potentiel de la forme $\alpha\psi^2 + \beta\psi^4$.

En l'absence de fluide parfait, ψ est complexe pour le point d'équilibre E_1. En fait, $\psi \to \left[\alpha(2\beta^{-1})\right]^{1/2} (ProductLog(\alpha^{-1}e^{1+32m^2\beta\alpha^{-1}(\Omega-\Omega_0)})-1)^{1/2}$ avec Ω_0 une constante d'intégration. Ainsi, lorsque $\Omega \to -\infty$, la seconde racine carrée est réelle si $\alpha\beta^{-1} < 0$ mais alors la première est complexe.

Pour le point d'équilibre E_2, ψ^2 tend vers une constante $-\alpha\beta^{-1}$ avec $\alpha < 0$ et $\beta > 0$. Dans le même temps, $\phi \to -2(-3\beta\alpha^{-1})^{1/2}\Omega+\phi_0$, ϕ_0 étant une constante d'intégration. Calculant ℓ_{ψ_1} et ℓ_{ψ_2}, nous obtenons respectivement que ℓ_{ψ_1} diverge et $\ell_{\psi_2} \to \pm m\sqrt{-\beta\alpha^{-1}}$. Ainsi, $2\ell_{\psi_2}(\ell_{\psi_1} + 2\ell_{\psi_2})^{-1} \to 0$ et $y \to 0$. Nous pourrions donc avoir une isotropisation de classe 2 bien que les simulations numériques aient échoué à la montrer.

Si maintenant on considère la présence d'un fluide parfait tel que $k \not\to 0$, nous trouvons que $\psi^2 \to -\alpha(2\beta)^{-1} \pm (2\beta)^{-1}(\alpha^2 + 4\beta e^{-3\gamma(\Omega_0-\Omega)})^{1/2}$, Ω_0 étant une constante d'intégration. Alors, ℓ_{ψ_1} diverge et une isotropisation de classe 1 n'est pas possible. En revanche, les résultats obtenus dans le vide montrent qu'un état isotrope stable peut être atteint lorsque $k \to 0$ et pour le point E_2. Il nous faut alors nous assurer que k tend bien vers zéro. Or sa disparition nécessite que $1 - \gamma/2 < 2\ell_{\psi_2}(\ell_{\psi_1+2\ell_{\psi_2}})^{-1}$, ce qui est toujours vrai car le membre de droite de cette inégalité tend bien vers zéro. Nous concluons donc que la théorie devrait subir une isotropisation de classe 1 mais nous ne l'avons pas observé numériquement(nous rappelons que nous avons trouvé des conditions nécessaires et non suffisantes à l'isotropisation).

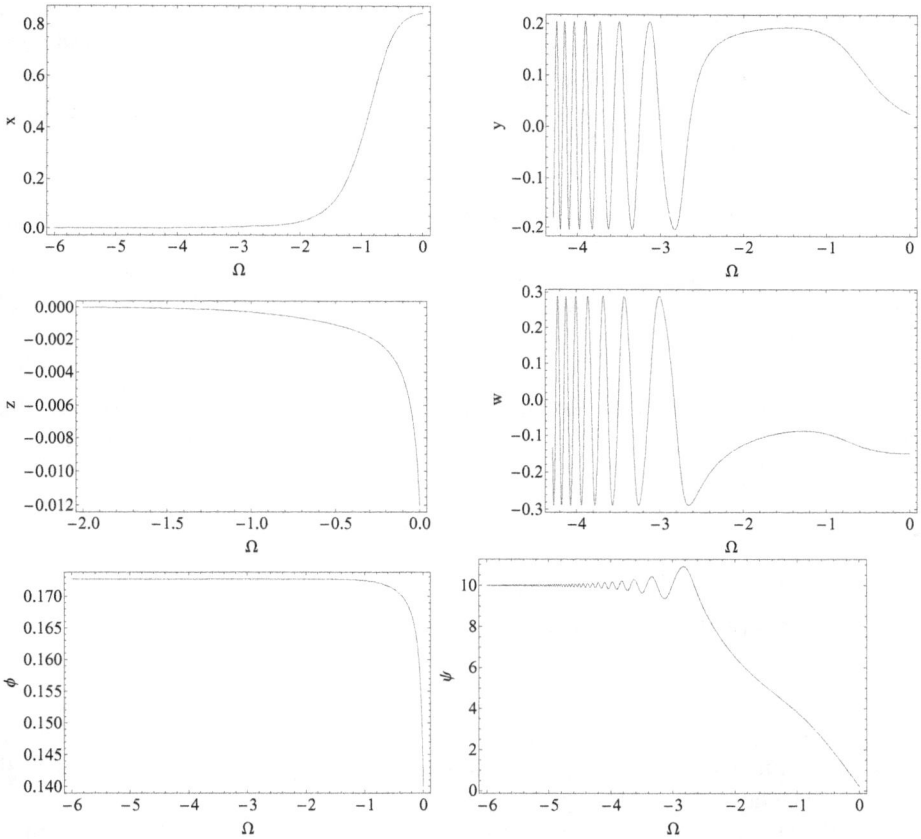

FIGURE 5.8 – Ces figures, avec $-\Omega$ en abscisse, représentent successivement les comportements de $(x, \dot{x}, y, \dot{z}, \dot{w}, \phi, \psi, \ell_{\phi_2}, \ell_{\psi_2})$ pour les valeurs initiales $(y, z, w, \phi, \psi) = (0.025, -0.012, -0.15, 0.14, 0.23)$, $p^2 = 1$ et les paramètres $(\lambda, \eta) = (4, 10)$. x, z et le champ scalaire ϕ atteignent l'équilibre alors que ℓ_{ψ_1} subit des oscillations non amorties.

Une fois de plus, les simulations numériques montrent une isotropisation de classe 3 avec et sans fluide parfait et avec les mêmes comportements que ceux montrés sur la figure 5.6.

Nous observons que toutes les théories ayant un champ scalaire complexe semblent atteindre l'isotropie via une isotropisation de classe 3 alors que les autres l'atteignent via la classe 1. Ceci pourrait être dû au fait que nous avons principalement considéré des théories avec champ scalaire complexe telles que $U \propto \psi^2 + \psi^4$ et ne doit donc pas être considéré comme une règle.

5.4 Avec champ scalaire non minimalement couplé

Dans cette section, nous allons étudier l'isotropisation d'un modèle de Bianchi de type I pour une théorie tenseur-scalaire non minimalement couplée dont ont rappel ici le Lagrangien

$$L = (G^{-1}R - \omega\phi^{-1}\phi_{,\mu}\phi^{,\mu} - U + T^{\alpha\beta}\delta g_{\alpha\beta})\sqrt{g} \qquad (5.64)$$

A noter que ce type de théorie est aussi connu sous le nom de théorie tenseur-scalaire hyperétendue (HST)[56]. Pour cela, nous allons nous servir de la transformation conforme suivante pour la métrique $g_{\alpha\beta}$

$$g_{\alpha\beta} = G\bar{g}_{\alpha\beta} \qquad (5.65)$$
$$dt = \sqrt{G}d\bar{t}$$

qui change le Lagrangien ci-dessus en

$$L = \left[\bar{R} - (3/2(G^{-1})^2_\phi G^2 + \omega G\phi^{-1})\phi_{,\mu}\phi^{,\mu} - G^2U + G^3T^{\alpha\beta}\delta\bar{g}_{\alpha\beta}\right]\sqrt{\bar{g}} \qquad (5.66)$$

Les quantités barrées sont alors les quantités du référentiel d'Einstein défini par les fonctions métriques $\bar{g}_{\alpha\beta}$ et celles non barrées sont les quantités du référentiel de Brans-Dicke défini par les fonctions métriques $g_{\alpha\beta}$. Dans ce Lagrangien, le champ scalaire est minimalement couplé à la courbure mais non minimalement couplé à la matière. Il implique que la matière ne suit pas les géodésiques de l'espace temps. De plus, la loi habituelle de conservation de l'énergie-impulsion n'est pas respectée et il nous faut la réévaluer afin d'obtenir le terme H_m de l'Hamiltonien ADM représentant la matière. Elle a entre autre été calculée dans [57] et [58]. Nous avons les relations suivantes concernant les tenseurs d'énergie-impulsion des référentiels de Brans-Dicke et d'Einstein :

$$\bar{T}^{\alpha\beta} = G^3T^{\alpha\beta}$$
$$\bar{T} = G^2T$$

et qui nous permettent d'en déduire la loi de conservation suivante :

$$
\begin{aligned}
\bar{T}^{\alpha\beta}_{;\alpha} &= 3G_{,\alpha}G^2 T^{\alpha\beta} \text{ (since } T^{\alpha\beta}_{;\alpha} = 0) \\
\bar{T}^{\alpha\beta}_{;\alpha} &= 3G_{,\alpha}G^2 g^{\alpha\beta} T^{\alpha}_{\alpha} \\
\bar{T}^{\alpha\beta}_{;\alpha} &= 3G_{,\alpha}G^2 G^{-1} \bar{g}^{\alpha\beta} G^{-2}\bar{T} \\
\bar{T}^{\alpha\beta}_{;\alpha} &= 3G_{,\alpha}G^{-1} \bar{g}^{\alpha\beta} \bar{T} \\
\bar{T}^{\alpha\beta}_{;\alpha} &= -3\frac{dG}{dt}G^{-1}\bar{T} \text{ (puisque } G = G(t))
\end{aligned}
$$

Dans [58], cette loi est interprétée comme l'action d'une force sur la matière due à la variabilité des masses au repos. Afin de simplifier les calculs, on pose $p^* = G^2 p$ et $\rho^* = G^2 \rho$. Ainsi, nous avons $\bar{T}^{\alpha\beta} = (\rho^* + p^*)u^{\alpha}u^{\beta} + \bar{g}^{\alpha\beta}p$. De plus, l'équation d'état est de la forme $p = (\gamma - 1)\rho$ et donc il vient :

$$
\begin{aligned}
\bar{T}^{0\beta}_{;\beta} &= -3\frac{dG}{dt}G^{-1}(3p^* - \rho^*) \\
\frac{d\rho^*}{dt} + (\rho^* + p^*)V^{-1}\frac{dV}{dt} &= -3\frac{dG}{dt}G^{-1}(3\gamma - 4)\rho^* \\
\rho^{*-1}\frac{d\rho^*}{dt} + \gamma V^{-1}\frac{dV}{dt} &= -3\frac{dG}{dt}G^{-1}(3\gamma - 4) \\
\rho^* V^{\gamma} = G^{3(4-3\gamma)} &
\end{aligned}
$$

De cette dernière expression et de la forme du Lagrangien pour le fluide parfait[59, pages 48-52], nous déduisons pour L_m :

$$
\begin{aligned}
L_m &= T^{\alpha\beta}\delta g_{\alpha\beta}\sqrt{g} \\
&= -8\pi R_0^3 N e^{-3\Omega}\rho \\
&= -8\pi R_0^3 \bar{N} e^{-3\bar{\Omega}}\rho^* \\
&= -8\pi R_0^3 \bar{N} e^{-3\bar{\Omega}} G^{3(4-3\gamma)}V^{-\gamma}
\end{aligned}
$$

et par conséquent pour H_m

$$
H_m = -24\pi^2 \bar{g}^{1/2} L_m = 192\pi^3 R_0^3 G^{3(4-3\gamma)} e^{3(\gamma-2)\bar{\Omega}} > 0 \tag{5.67}
$$

Nous écrirons symboliquement cette relation sous la forme :

$$
H_m = \delta\lambda(\phi)e^{3(\gamma-2)\bar{\Omega}}
$$

5.4.1 Équations de champs

L'Hamiltonien ADM correspondant au Lagrangien (5.66) s'écrit donc :

$$H^2 = p_+^2 + p_-^2 + 12\frac{p_\phi^2 \phi^2}{3 + 2\omega} + 24\pi^2 R_0^6 e^{-6\bar{\Omega}} U + \delta\lambda e^{3(\gamma-2)\Omega}$$

On en déduit les équations de Hamilton :

$$\dot{\beta}_\pm = \frac{\partial H}{\partial p_\pm} = \frac{p_\pm}{H} \tag{5.68}$$

$$\dot{\phi} = \frac{\partial H}{\partial p_\phi} = \frac{12\phi^2 p_\phi}{(3 + 2\omega)H} \tag{5.69}$$

$$\dot{p}_\pm = -\frac{\partial H}{\partial \beta_\pm} = 0 \tag{5.70}$$

$$\dot{p}_\phi = -\frac{\partial H}{\partial \phi} = -12\frac{\phi p_\phi^2}{(3 + 2\omega)H} + 12\frac{\omega_\phi \phi^2 p_\phi^2}{(3 + 2\omega)^2 H} - 12\pi^2 R_0^6 \frac{e^{-6\bar{\Omega}} U_\phi}{H} - \frac{\delta\lambda_\phi e^{3(\gamma-2)\Omega}}{2H} \tag{5.71}$$

$$\dot{H} = \frac{dH}{d\bar{\Omega}} = \frac{\partial H}{\partial \bar{\Omega}} = -72\pi^2 R_0^6 \frac{e^{-6\bar{\Omega}} U}{H} + 3/2\delta\lambda(\gamma - 2)\frac{e^{3(\gamma-2)\Omega}}{H} \tag{5.72}$$

Les fonctions lapse et shift gardent la même forme que dans les sections précédentes et on utilise les mêmes fonctions x, y et z. En revanche la variable k représentant la présence de matière est désormais définie par

$$k^2 = \delta\lambda e^{3(\gamma-2)\Omega} H^{-2}$$

λ étant une fonction positive du champ scalaire, ou encore :

$$k^2 = \delta\lambda x^\gamma y^{2-\gamma} U^{\gamma/2-1}$$

$$k^2 = \delta\lambda x^2 e^{3(\gamma-2)\Omega} \tag{5.73}$$

$$k^2 = \delta y^2 U^{-1} \lambda V^{-\gamma}$$

Les équations de champs peuvent alors être réécrites comme :

$$\dot{x} = 72y^2 x - 3/2(\gamma - 2)k^2 x \tag{5.74}$$

$$\dot{y} = y(6\ell z + 72y^2 - 3) - 3/2(\gamma - 2)k^2 y \tag{5.75}$$

$$\dot{z} = 24y^2(3z - \frac{\ell}{2}) - 3/2(\gamma - 2)k^2 z - 1/2\ell_m k^2 \tag{5.76}$$

où les quantités ℓ et ℓ_m sont définies par $\ell = \phi U_\phi U^{-1}(3+2\omega)^{-1/2}$ et $\ell_m = \phi \lambda_\phi \lambda^{-1}(3+2\omega)^{-1/2}$. Le couplage entre la matière et le champ scalaire fait donc apparaître un nouveau terme ℓ_m dans l'équation pour z. Quant à la contrainte Hamiltonienne, elle devient :

$$p^2 x^2 + 24 y^2 + 12 z^2 + k^2 = 1 \qquad (5.77)$$

L'équation pour le champ scalaire est à nouveau :

$$\dot{\phi} = 12z \frac{\phi}{(3+2\omega)^{1/2}}$$

5.4.2 Isotropisation lorsque $k \not\to 0$

Le seul point d'équilibre compatible avec une isotropisation de classe 1 est :

$$(0, \pm \frac{1}{4\sqrt{6}(\ell - \ell_m)} \left[4\ell_m(\ell_m - \ell) - 3(\gamma - 2)\gamma\right]^{1/2}, \frac{\gamma}{4(\ell - \ell_m)})$$

La contrainte Hamiltonienne impose alors que :

$$k^2 = \frac{2\ell(\ell - \ell_m) - 3\gamma}{2(\ell - \ell_m)^2}$$

Lorsque $\ell_m = 0$, on retrouve évidemment les points d'équilibre en l'absence de couplage entre la matière et le champ scalaire. La variable k est réelle tant que

$$\ell(\ell - \ell_m) > \frac{3}{2}\gamma$$

et les points d'équilibre sont réels et finis si :

$$4\ell_m(\ell_m - \ell) > 3(\gamma - 2)\gamma$$

$$\ell \not\to \ell_m$$

c'est-à-dire $U \not\to \lambda$. Notons que la première condition est automatiquement satisfaite lorsque $\ell_m = 0$. De plus, comme ici $k \neq 0$, est fini et que nous étudions une isotropisation de classe 1 telle que $y \neq 0$, cela signifie que ℓ et ℓ_m ne peuvent pas diverger sauf ensemble au même ordre. En appliquant l'hypothèse de variabilité à la quantité $\frac{[2\ell_m + \ell(\gamma - 2)]}{(\ell - \ell_m)}$ et en utilisant l'équation pour x, on calcule alors qu'à l'approche de l'équilibre isotrope

$$x \to x_0 e^{-\frac{3[2\ell_m + \ell(\gamma - 2)]}{2(\ell - \ell_m)}\Omega}$$

où x_0 est une constante d'intégration. De même, les fonctions métriques tendront vers

$$e^{-\Omega} \to t^{\frac{2(\ell - \ell_m)}{3\ell\gamma}}$$

lorsque $\frac{3\ell\gamma}{2(\ell-\ell_m)}$ tend vers une constante non nulle. Or, ceci est toujours le cas puisque ℓ et ℓ_m ne peuvent pas diverger sauf ensemble au même ordre et que ℓ ne peut tendre vers zéro car alors k serait complexe. Le potentiel quant à lui tend vers t^{-2} et le champ scalaire se comporte asymptotiquement comme la solution de

$$\dot{\phi} = 3\gamma(\frac{U_\phi}{U} - \frac{\lambda_\phi}{\lambda})^{-1}$$

Cette équation différentielle s'intègre facilement pour montrer que $U \to U_0 \lambda V^{-\gamma}$ en accord avec le fait que k tend vers une constante non nulle. Comme $\lambda \propto UV^\gamma$ et $y \neq 0$, on déduit de la définition de y que

$$\lambda \to e^{\frac{3\gamma\ell_m\Omega}{\ell-\ell_m}}$$

et de la forme asymptotique des fonctions métriques que

$$\lambda \to t^{-2\frac{\ell_m}{\ell}}$$

Par conséquent de la condition de réalité de k, il vient que $\lambda > t^{-2(1-\frac{3}{2}\frac{\gamma}{\ell^2})}$.

5.4.3   Isotropisation lorsque $k \to 0$

On distingue deux cas selon que $\ell_m k^2 \to 0$ ou $\ell_m k^2 \nrightarrow 0$.

$\underline{\ell_m k^2 \to 0}$

Nous retrouvons les mêmes points d'équilibre et comportements asymptotiques que dans le cas du vide. Pour k^2 nous obtenons que $k^2 \to \lambda e^{2(3/2\gamma-\ell^2)\Omega}$ et les conditions $k \to 0$ et $\ell_m k \to 0$ se traduisent donc par les contraintes supplémentaires

$$\lambda e^{2(3/2\gamma-\ell^2)\Omega} \to 0$$

$$\ell_m \lambda e^{2(3/2\gamma-\ell^2)\Omega} \to 0$$

Lorsque ℓ_m ne diverge pas, cette deuxième condition est évidement automatiquement satisfaite lorsque la première l'est. De plus comme y ne tend pas vers zéro au contraire de k, nous avons $U >> \lambda V^{-\gamma}$, c'est-à-dire que le potentiel est supérieure à la densité d'énergie du fluide parfait.

$\underline{\ell_m k^2 \nrightarrow 0}$

Comme $k \to 0$, cela signifie que ℓ_m doit diverger. Le point d'équilibre correspondant à la définition de la classe 1 est alors :

$$(x, y, z) = (0, \pm 1/(2\sqrt{6}), 0)$$

avec $k^2 = -\ell\ell_m^{-1}$. Afin que k disparaisse et soit réel il faut donc respectivement que $\ell << \ell_m$ et $\ell\ell_m^{-1} < 0$. Il faut aussi que ℓ tende vers une constante non nulle ou diverge afin que $\ell_m k^2$ soit non nul. Dans ce dernier cas, z doit disparaître suffisamment vite afin que $z\ell$ reste fini. A l'approche du point d'équilibre, nous trouvons que $x \to e^{3\Omega}$, indiquant que l'Univers tend vers un modèle de De Sitter et le potentiel vers une constante. Comme précédemment, les contraintes $k \to 0$ et $\ell_m k^2 \not\to 0$, impliquent respectivement que

$$\lambda e^{3\gamma\Omega} \to 0$$

$$\ell_m \lambda e^{3\gamma\Omega} \not\to 0$$

Pour les mêmes raisons que plus haut, la limite $k \to 0$ implique que le potentiel est très supérieur à la densité d'énergie du fluide parfait. A partir de la valeur asymptotique de k et de sa définition (5.73), nous déduisons l'équation différentielle dont la solution correspond à la forme asymptotique pour ϕ :

$$\delta\frac{1}{\lambda_\phi}\frac{U_\phi}{U} = e^{3\gamma\Omega}$$

5.4.4 Discussion

Dans une première partie, nous résumons nos résultats et dans une seconde partie, nous les appliquons à des théories non minimalement couplées. L'univers peut s'isotropiser de 3 manières différentes selon que k tend vers une constante non nulle, nulle et tel que $\ell_m k^2 \to 0$ ou nulle et tel que $\ell_m k^2 \not\to 0$. Ci dessous, nous énonçons successivement les résultats obtenus pour chacune d'entre elles.

Résumé des résultats

Cas 1 : Isotropisation avec $\Omega_m \not\to 0$
Soient les quantités $\ell = \phi U_\phi U^{-1}(3 + 2\omega)^{-1/2}$ et $\ell_m = \phi\lambda_\phi\lambda^{-1}(3 + 2\omega)^{-1/2}$. Des conditions nécessaires à l'isotropisation du modèle de Bianchi de type I en présence d'un champ scalaire massif minimalement couplé à la métrique mais non minimalement couplé au fluide parfait sont que
  — $\ell \not\to \ell_m$ (non divergence des points d'équilibre)
  — $4\ell_m(\ell_m - \ell) > 3(\gamma - 2)\gamma$ (condition de réalité)
  — $\ell(\ell - \ell_m) > \frac{3}{2}\gamma$ (condition de réalité)
  — ℓ et ℓ_m restent finis ou divergent au même ordre (respect de la contrainte)
A l'approche de l'isotropie, les fonctions métriques tendent vers une loi en puissance du temps propre $t^{\frac{2(\ell-\ell_m)}{3\ell\gamma}}$, $\lambda \to t^{-2\frac{\ell_m}{\ell}}$ tandis que le potentiel décroît comme t^{-2}. Le champ

scalaire vérifie asymptotiquement que $U \rightarrow U_0 \lambda e^{3\gamma\Omega}$.

Cette dernière relation permet de déterminer la forme asymptotique de ϕ et donc celles de ℓ et ℓ_m. Il est interessant de noter que jusque là, le fait que $\Omega_m \not\rightarrow 0$ aboutissait toujours à la convergence des fonctions métriques vers la fonction $t^{\frac{2}{3\gamma}}$, interdisant une accélération tardive de notre Univers. On voit que le couplage λ entre le champ scalaire et le fluide parfait permet d'introduire cette possibilité pour un champ minimalement couplé. Il serait ainsi possible de résoudre le problème de coïncidence qui résulte dans le fait que les paramètres de densité du fluide parfait et de l'énergie sombre soient aujourd'hui du même ordre.

Cas 2 : Isotropisation avec $\Omega_m \rightarrow 0$ et $\Omega_m \ell_m \rightarrow 0$

Soient les quantités $\ell = \phi U_\phi U^{-1}(3 + 2\omega)^{-1/2}$ et $\ell_m = \phi \lambda_\phi \lambda^{-1}(3 + 2\omega)^{-1/2}$. Les conditions nécessaires à l'isotropisation sont :

 - *$\ell^2 < 3$ (condition de réalité)*
 - *$\lambda e^{2(3/2\gamma - \ell^2)\Omega} \rightarrow 0$ (condition pour que $k \rightarrow 0$)*
 - *$\ell_m \lambda e^{2(3/2\gamma - \ell^2)\Omega} \rightarrow 0$ (condition pour que $\ell_m k^2 \rightarrow 0$)*

Si ℓ^2 tend vers une constante non nulle, les fonctions métriques tendent vers $t^{\ell^{-2}}$ et le potentiel décroît comme t^{-2}. Si ℓ^2 tend vers zéro, l'Univers tend vers un modèle de De Sitter et le potentiel vers une constante. Le comportement asymptotique du champ scalaire est solution de l'équation $\dot\phi = 2\frac{\phi^2 U_\phi}{U(3+2\omega)}$.

Pour des raisons de clarté, nous avons choisi d'exprimer les limites $\Omega_m \rightarrow 0$ et $\Omega_m \ell_m \rightarrow 0$ ci-dessus (et ci-dessous) en fonction de $e^{-\Omega}$ et de ϕ, ces 2 quantités étant définies dans ce résultat par le comportement asymptotique des fonctions métriques et du champ scalaire.

Cas 3 : Isotropisation avec $\Omega_m \rightarrow 0$ et $\Omega_m \ell_m \not\rightarrow 0$

Soient les quantités $\ell = \phi U_\phi U^{-1}(3 + 2\omega)^{-1/2}$ et $\ell_m = \phi \lambda_\phi \lambda^{-1}(3 + 2\omega)^{-1/2}$. Les conditions nécessaires à l'isotropisation sont que

 - *ℓ_m diverge et $\ell \rightarrow const \neq 0$ ou diverge mais tel que $z\ell \rightarrow 0$ (condition pour que $\ell_m k^2 \rightarrow 0$).*
 - *$\ell << \ell_m$ ou $\lambda e^{3\gamma\Omega} \rightarrow 0$(condition pour que $k \rightarrow 0$)*
 - *$\ell\ell_m^{-1} < 0$ (condition de réalité)*

L'Univers tend vers un modèle de De Sitter et le potentiel vers une constante. Le champ scalaire vérifie asymptotiquement l'équation $\delta\frac{1}{\lambda_\phi}\frac{U_\phi}{U} = e^{3\gamma\Omega}$.

Applications aux théories non minimalement couplées

Dans ce qui suit, nous étudions 4 classes de théories minimalement couplées auxquelles appartiennent, après une transformation conforme, les théories de Brans-Dicke et des cordes lorsque le potentiel a une forme en puissance ou en exponentielle du champ scalaire. Nous rappelons la transformation conforme permettant de passer du référentiel de Brans-Dicke au référentiel d'Einstein et donc de la théorie non-minimalement couplée à la théorie minimalement couplée :

$$g_{\alpha\beta} = G\bar{g}_{\alpha\beta} = \lambda^{[3(4-3\gamma)]^{-1}}\bar{g}_{\alpha\beta}$$

G étant la fonction de gravitation de la théorie non minimalement couplée. C'est dans le référentiel d'Einstein que les résultats que nous venons d'énoncer trouvent leur place mais les conditions nécessaires à l'isotropie sont invariantes par la transformation conforme ci-dessus. En effet, si les fonctions métriques du référentiel d'Einstein tendent toutes vers une même fonction, la transformation conforme ci-dessus ne change pas cet état de fait.

Nous illustrerons chacune des applications avec des figures montrant les comportements de x, y, z et ϕ dans le référentiel d'Einstein et dans le temps Ω avec les conditions initiales $\phi_0 = 0.14$, $y_0 = 0.025$, $z_0 = 0.012$. x_0 est calculé en utilisant la contrainte (5.77) avec $p_+^2 + p_-^2 = p^2 = 1$, $R_0^3 = 1/(2\sqrt{6}\pi)$ et $\delta = 1$.

Théories de Brans-Dicke avec un potentiel en exponentiel du champ scalaire

Considérons la classe de théorie définie par (5.66) et telle que :

$$\omega = \omega_0$$
$$U = \phi^{-2}e^{n\phi}$$
$$\lambda = \phi^m$$

La transformation conforme montre que cette théorie correspond à une théorie non minimalement couplée définie par (5.64) avec :

$$G = \phi^{\frac{m}{3(4-3\gamma)}}$$
$$\omega = \left[\frac{3}{2}(1 - \frac{m^2}{9(4-3\gamma)^2}) + \omega_0)\right]\phi^{\frac{-m}{3(4-3\gamma)}-1}$$
$$U = \phi^{-2(1+\frac{m}{3(4-3\gamma)})}e^{n\phi}$$

La théorie de Brans-Dicke avec un potentiel exponentiel correspond alors à $m = 3(3\gamma - 4)$. Les quantités ℓ et ℓ_m sont définies par :

$$\ell = \frac{n\phi - 2}{\sqrt{3 + 2\omega_0}}$$

$$\ell_m = \frac{m}{\sqrt{3 + 2\omega_0}}$$

Il s'ensuit que $3 + 2\omega_0$ doit être positif. ℓ_m ne peut pas diverger et par conséquent le cas 3 ne se produit pas.

Pour le cas 1, à l'approche de l'état d'équilibre isotrope le champ scalaire se comporte comme :

$$e^{n\phi}\phi^{-(2+m)} \rightarrow U_0 e^{3\gamma\Omega}$$

Comme ℓ est fini, ϕ ne peut pas diverger et devrait disparaître asymptotiquement, impliquant que $m < -2$ et finalement que $\phi \rightarrow e^{\frac{-3\gamma}{(2+m)}\Omega}$. La seconde condition de réalité s'écrit alors :

$$\frac{4(2 + m) - 3\gamma(3 + 2\omega_0)}{2(3 + 2\omega_0)} > 0$$

Mais $m < -2$, $\gamma > 0$ et $3 + 2\omega_0 > 0$ et donc cette condition ne peut être satisfaite. Par conséquent, une isotropisation de classe 1 ne se produit pas.

Considérons à présent le cas 2. Intégrant l'équation différentielle pour ϕ, nous obtenons :

$$\phi = \frac{2}{n - \phi_0 e^{\frac{4\Omega}{3 + 2\omega_0}}}$$

Alors, lorsque $\Omega \rightarrow -\infty$, $\phi \rightarrow 2n^{-1}$, $\ell \rightarrow 0$ et λ tend vers la constante $(2n^{-1})^m$. Si l'Univers s'isotropise, il tendra vers un modèle de De Sitter. Remarquons que ϕ et donc n doivent être positifs afin que λ soit une fonction réelle.

Utilisant la transformation conforme, lorsque l'isotropisation se produit dans le référentiel de Brans-Dicke ou ϕ est non minimalement couplé à la courbure et puisque λ tend vers une constante, l'Univers tend également vers un modèle de De Sitter. L'évolution des variables est illustrée par la figure 5.9.

Une isotropisation de classe 2 est aussi possible lorsque $n < 0$ et est tracé sur la figure 5.10. Comme noté ci-dessus, un tel intervalle pour n est impossible pour une isotropisation de classe 1 car λ serait complexe.

Théories de Brans-Dicke avec un potentiel en puissance du champ scalaire

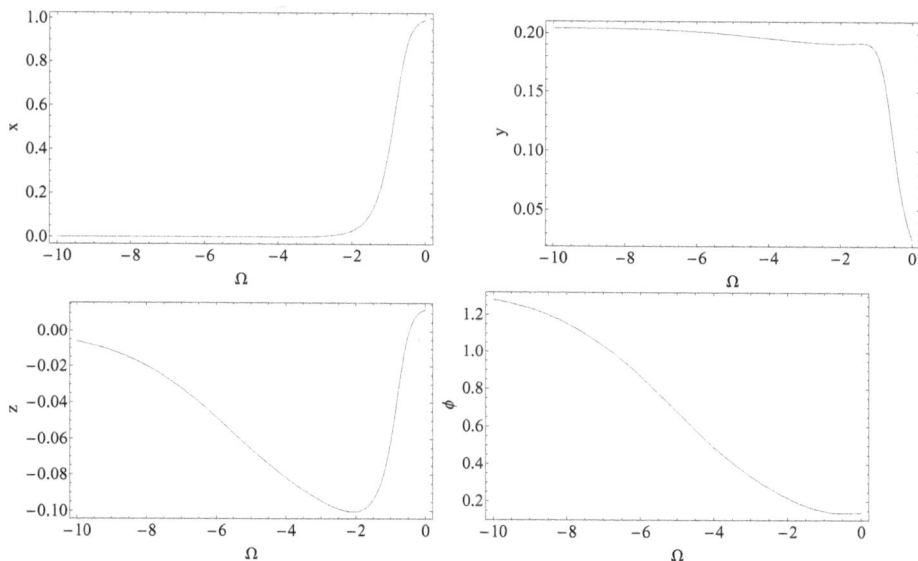

FIGURE 5.9 – Ces figures représentent l'approche des variables pour une isotropisation de classe 1 lorsque $\omega_0 = 2.3$, $n = 1.5$ et $m = 1.1$. Comme attendu, x tend vers 0, ϕ vers la constante $2/n = 1.33$. ℓ tendra vers 0.

Considérons la classe de théorie définie par (5.66) et telle que :

$$\begin{aligned}
\omega &= \omega_0 \\
U &= \phi^n \\
\lambda &= \phi^m
\end{aligned}$$

Dans le référentiel de Brans-Dicke cette théorie correspond à la théorie tenseur-scalaire non minimalement couplée définie par :

$$G = \phi^{\frac{m}{3(4-3\gamma)}} \tag{5.78}$$

$$\omega = \left[\frac{3}{2}(1 - \frac{m^2}{9(4-3\gamma)^2}) + \omega_0 \right] \phi^{\frac{-m}{3(4-3\gamma)}-1} \tag{5.79}$$

$$U = \phi^{n - \frac{2m}{3(4-3\gamma)}} \tag{5.80}$$

$$\tag{5.81}$$

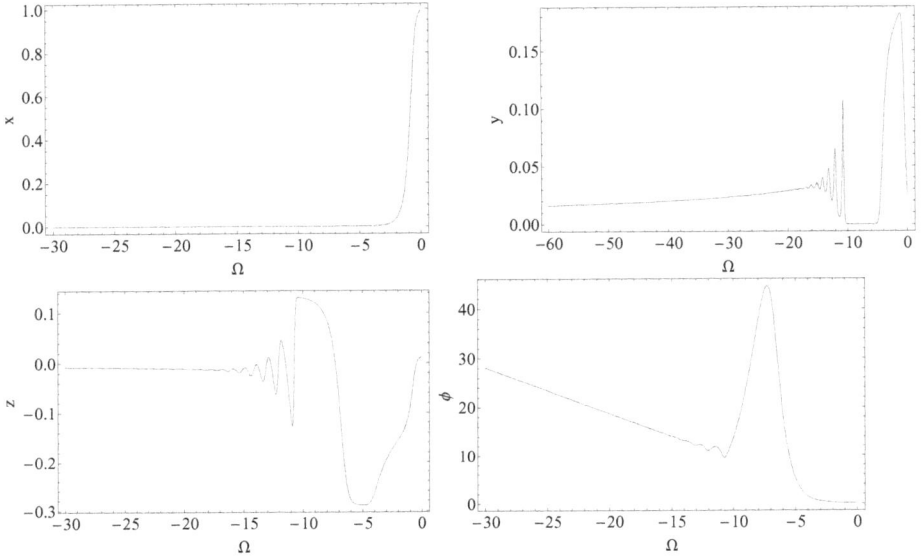

FIGURE 5.10 – Ces figures représentent l'approche des variables pour une isotropisation de classe 2 lorsque $\omega_0 = 2.3$, $n = -3.1$ et $m = 1.1$. x tend toujours vers zéro mais y aussi. ϕ et donc ℓ divergent. Notons que ϕ, y et z subissent des oscillations amorties.

La théorie de Brans-Dicke avec un potentiel en puissance de ϕ est obtenue pour $m = 3(3\gamma - 4)$. On calcule que :

$$\ell = \frac{n}{\sqrt{3 + 2\omega_0}}$$
$$\ell_m = \frac{m}{\sqrt{3 + 2\omega_0}}$$

avec $3 + 2\omega_0 > 0$. A nouveau ℓ_m ne peut pas diverger et le cas 3 est exclu.

Pour le cas 1, il est nécessaire que $n \neq m$ afin que $\ell \nrightarrow \ell_m$. Asymptotiquement, le champ scalaire se comporte comme :

$$\phi \to \phi_0 e^{-\frac{3\gamma}{m-n}\Omega}$$

Par conséquent, en $\Omega \to -\infty$, $\phi \to 0 (\phi$ diverges) si $m - n < 0$ (respectivement $m - n > 0$). Les conditions de réalités s'écrivent :

$$4m(m - n) + 3\gamma(2 - \gamma)(3 + 2\omega_0) > 0$$
$$2n(n - m) - 3\gamma(3 + 2\omega_0) > 0$$

La seconde sera respectée si $n > 0(n < 0)$ lorsque $\phi \to 0$(respectivement lorsque ϕ diverge). Nous trouvons qu'à l'approche de l'isotropie, les fonctions métriques tendent vers $t^{\frac{2(n-m)}{3n\gamma}}$ et $\lambda \to t^{-\frac{2m}{n}}$.

Utilisant la transformation conforme, nous déduisons pour la théorie non minimalement couplée que les fonctions métriques tendront vers :

$$t^{\frac{m(8-5\gamma)+2n(3\gamma-4)}{\gamma[m+3n(3\gamma-4)]}}$$

Tous ces comportements sont illustrés sur la figure 5.11.

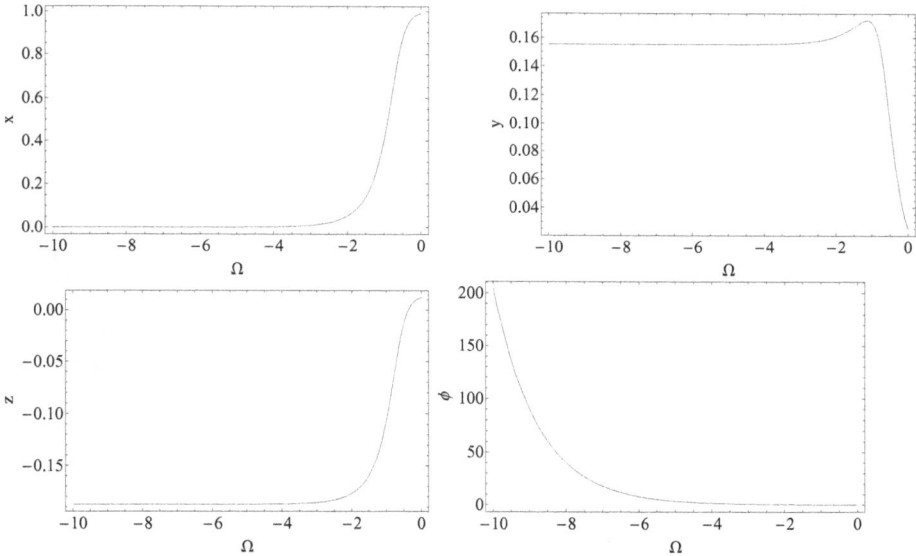

FIGURE 5.11 – Ces figures représentent l'approche des variables pour une isotropisation de classe 1 lorsque $\omega_0 = 2.3$, $n = -3.1$ et $m = 1.1$. A nouveau x disparaît, y et k (non montré ici) tendent vers des constantes non nulles montrant que $U \propto \lambda e^{3\gamma\Omega}$. ϕ diverge car $m - n > 0$. Dans le référentiel de Brans-Dicke, l'Univers s'isotropisera tout comme dans celui d'Einstein.

Pour le cas 2, nous obtenons pour ϕ :

$$\phi \to e^{\frac{2n}{3+2\omega_0}\Omega}$$

Ainsi k tendra vers zéro lorsque $\Omega \to -\infty$ si $2n(m-n) + 3\gamma(3 + 2\omega_0) > 0$ et la condition de réalité pour les points d'équilibre sera respectée si $n^2(3+2\omega_0)^{-1} < 3$. Les fonctions métriques tendent alors vers $t^{(3+2\omega_0)n^{-2}}$ lorsque $n \neq 0$ ou vers un modèle de De Sitter lorsque $n = 0$.

Dans le référentiel de Brans-Dicke ou le champ scalaire est non minimalement couplé à la courbure, les fonctions métriques tendront vers :

$$t^{\frac{mn+3(3\gamma-4)(3+2\omega_0)}{n[m+3n(3\gamma-4)]}}$$

lorsque $n \neq 0$. Si $n = 0$, le comportement des fonctions métriques est le même que dans le référentiel d'Einstein et l'Univers tend vers un modèle de De Sitter. Ce cas est illustré par la figure 5.12

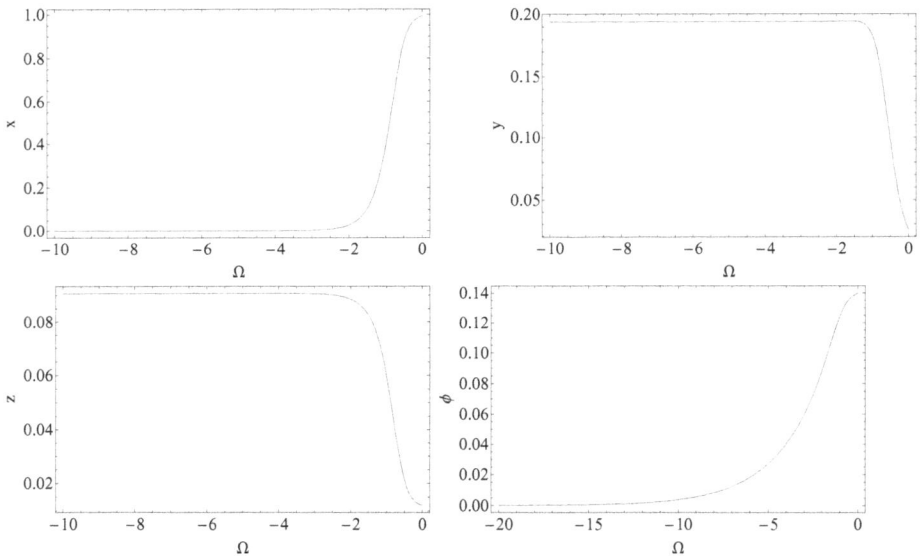

FIGURE 5.12 – Ces figures représentent l'approche des variables pour une isotropisation de classe 1 lorsque $\omega_0 = 2.3$, $n = 1.5$ et $m = 1.1$. Ici, k tend vers zéro.

Théorie des cordes à basse énergie avec un potentiel en exponentiel du champ scalaire

Nous considérons la théorie définie par (5.4) et telle que :

$$\begin{aligned} \omega &= \omega_0 \phi^2 + \omega_1 \\ U &= e^{n\phi} \end{aligned}$$

$$\lambda = e^{m\phi}$$

Elle correspond à la théorie non minimalement couplée suivante :

$$G = e^{\frac{m}{3(4-3\gamma)}\phi}$$

$$\omega = \left[\frac{\frac{3}{2} + \omega_0\phi^2 + \omega_1}{\phi^2} - \frac{3m^2}{18(4-3\gamma)^2}\right]\phi e^{\frac{-m}{3(4-3\gamma)}\phi}$$

$$U = e^{(n-\frac{2m}{3(4-3\gamma)})\phi}$$

La théorie des cordes à basse énergie avec un potentiel en exponentiel du champ scalaire est retrouvée pour $m = 3(4 - 3\gamma)$, $\omega_0 = 5/2$ et $\omega_1 = -3/2$. Nous calculons que :

$$\ell = \frac{n\phi}{\sqrt{3 + 2\phi^2\omega_0 + 2\omega_1}}$$

$$\ell_m = \frac{m\phi}{\sqrt{3 + 2\phi^2\omega_0 + 2\omega_1}}$$

Ces expressions montrent que nous n'aurons jamais $\ell << \ell_m$ et donc le cas 3 ne se produit pas.

En ce qui concerne le cas 1, il est nécessaire que $m \neq n$. De plus, nous trouvons pour le champ scalaire :

$$\phi = \phi_0 + \frac{3\gamma\Omega}{n - m}$$

Ainsi, ϕ diverge et ℓ et ℓ_m tendent vers des constantes qui seront réelles si $\omega_0 > 0$. Les conditions de réalité s'écrivent :

$$2m(m - n) + 3(2 - \gamma) > 0$$

$$n(n - m) - 3\gamma\omega_0 > 0$$

ω_0 étant positif, la seconde condition nécessite $n(n - m) > 0$ et donc $n \neq 0$. Par conséquent, lorsque l'isotropisation se produit, les fonctions métriques et λ tendent respectivement vers $t^{2\frac{n-m}{3n\gamma}}$ et $t^{-2\frac{m}{n}}$.

Nous déduisons que dans le référentiel de Brans-Dicke, lorsque l'isotropisation se produit, les fonctions métriques tendent vers :

$$t^{\frac{m(8-5\gamma)+2n(3\gamma-4)}{\gamma[m+3n(3\gamma-4)]}}$$

Ce cas est représenté par la figure 5.13.

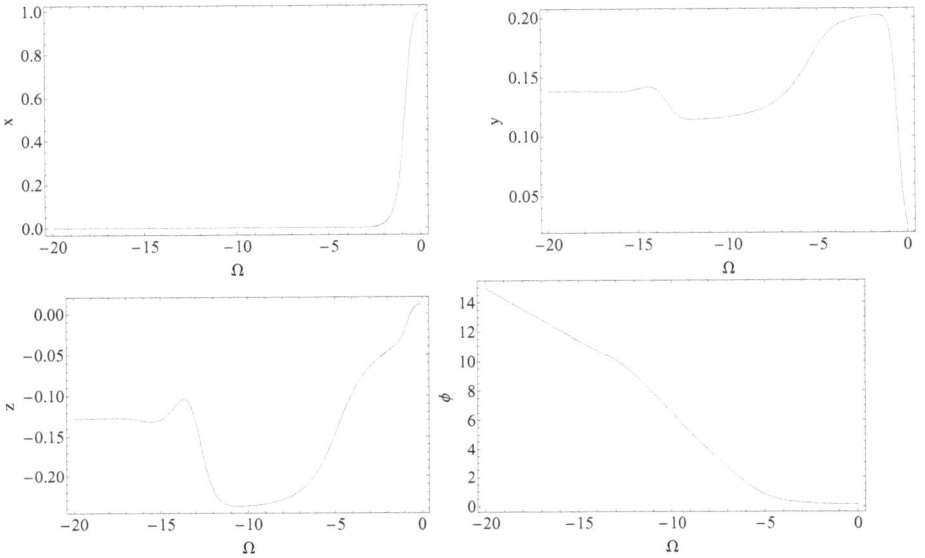

FIGURE 5.13 – Ces figures représentent l'approche des variables pour une isotropisation de classe 1 lorsque $\omega_0 = 2.3$, $\omega_1 = 0$, $n = -3.1$ et $m = 1.1$. k (non montré ici) tend vers une constante non nulle mais on remarque l'existence, avant l'équilibre, d'une période durant laquelle le paramètre de densité du fluide parfait est quasiment nul.

En ce qui concerne le cas 2, le champ scalaire se comporte asymptotiquement comme :

$$\phi = \frac{2n(\Omega - \phi_0) \pm \sqrt{8\omega_0(3 + 2\omega_1) + 4n^2(\phi_0 - \Omega)^2}}{4\omega_0}$$

Par conséquent, en fonction du signe de la racine carré, nous avons deux branches telles que $\phi \to 0$ ou $\phi \to n\omega_0^{-1}\Omega$.

Pour la première, $\ell \to 0$ et l'Univers tend vers un modèle de De Sitter. La limite permettant la disparition de k est toujours respectée. Une simulation numérique de ce cas est représentée par la figure 5.14.

Pour la seconde, $\ell \to n(2\omega_0)^{-1/2}$ et ainsi l'isotropisation nécessite $\omega_0 > 0$ et $n^2(2\omega_0)^{-1} < 3$. Si $n \neq 0$, les fonctions métriques tendent vers $t^{\frac{2\omega_0}{n^2}}$ et la limite permettant la disparition de k est satisfaite si $\ell^2 < \frac{3\gamma}{2}$. Si $n = 0$, l'Univers tend vers un modèle de De Sitter et la limite sur k est toujours satisfaite.

A nouveau, dans le référentiel de Brans-Dicke, nous déduisons que lorsque l'isotropi-

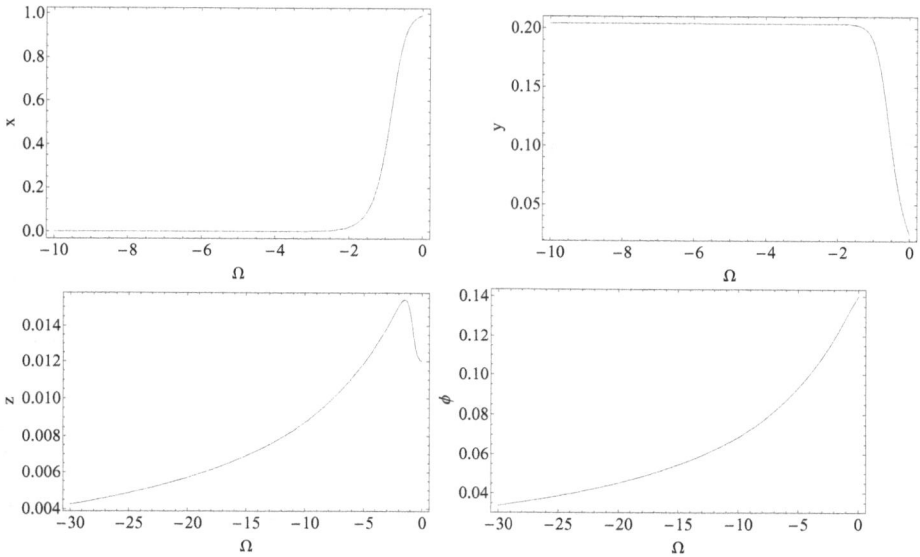

FIGURE 5.14 – Ces figures représentent l'approche des variables pour une isotropisation de classe 1 lorsque $\omega_0 = 2.3$, $\omega_1 = 0.5$, $n = 1.5$ et $m = 1.1$. k (non montré ici) et ϕ tendent vers zéro.

sation se produit et le champ scalaire tend vers zéro ou $n = 0$, les fonctions métriques tendent vers la même forme que dans le référentiel d'Einstein car λ tend vers une constante. Lorsque le champ scalaire diverge et $n \neq 0$, elles tendent vers :

$$t^{\frac{n^2(9\gamma-13)+3(7\gamma-8)\omega_0}{n^2(9\gamma-13)+3\gamma\omega_0}}$$

Théorie des cordes à basse énergie avec un potentiel en puissance du champ scalaire

Nous considérons maintenant le Lagrangien minimalement couplé défini par :

$$\begin{aligned}
\omega &= \omega_0\phi^2 + \omega_1 \\
U &= \phi^p e^{n\phi} \\
\lambda &= e^{m\phi}
\end{aligned}$$

et correspondant à la théorie non minimalement couplée suivante :

$$\begin{aligned}
G &= e^{\frac{m}{3(4-3\gamma)}\phi} \\
\omega &= \left[\frac{\frac{3}{2} + \omega_0\phi^2 + \omega_1}{\phi^2} - \frac{3m^2}{18(4-3\gamma)^2}\right]\phi e^{\frac{-m}{3(4-3\gamma)}\phi}
\end{aligned}$$

$$U = \phi^p e^{(n - \frac{2m}{3(4-3\gamma)})\phi}$$

On obtient la théorie des cordes à basse énergie avec un potentiel en puissance du champ scalaire lorsque $m = 3(4 - 3\gamma)$, $n = 2$, $\omega_0 = 5/2$ et $\omega_1 = -3/2$. Nous calculons que :

$$\ell = \frac{p + n\phi}{\sqrt{3 + 2\phi^2\omega_0 + 2\omega_1}}$$

$$\ell_m = \frac{m\phi}{\sqrt{3 + 2\phi^2\omega_0 + 2\omega_1}}$$

Encore une fois, il est impossible que ℓ_m diverge et $\ell << \ell_m$ et donc le cas 3 est exclu.

Pour le cas 1, nous trouvons que le champ scalaire se comporte comme :

$$\phi = p(m - n)^{-1} ProductLog((n - m)e^{3\gamma p^{-1}(\Omega - \phi_0)})$$

Lorsque $p\gamma^{-1} > 0$, le champ scalaire disparaît, sinon il diverge. Alors, $(n - m)p^{-1}$ doit être positif sinon le potentiel est complexe.

Lorsque $\phi \to 0$, il est nécessaire que $3 + 2\omega_1 > 0$ tel que ℓ et ℓ_m soit réel et les conditions de réalité pour les points d'équilibre se réduisent à $2p^2 - 3\gamma(3 + 2\omega_1) > 0$. Alors les fonctions métriques tendent vers $t^{\frac{2}{3\gamma}}$ et λ vers une constante. Ce cas est illustré sur la figure 5.15.

Lorsque $\phi \to \infty$, il est nécessaire que $\omega_0 > 0$ tel que ℓ et ℓ_m soit réel et $n \neq m$ tel que ℓ ne tende pas vers ℓ_m. Les conditions de réalité des points d'équilibre s'écrivent alors $2m(m-n) + 3\gamma(2 - \gamma)\omega_0 > 0$ et $n(n-m) - 3\gamma\omega_0 > 0$, impliquant que $n(n-m) > 0$ et $n \neq 0$. Les fonctions métriques tendent vers $t^{\frac{2(n-m)}{3n\gamma}}$ et $\lambda \to t^{-2\frac{m}{n}}$. Des figures similaires aux figures 5.15 mais avec un champ scalaire divergeant peuvent être obtenues.

Dans le référentiel de Brans-Dicke, les fonctions métriques tendent vers la même forme que dans le référentiel d'Einstein durant l'isotropisation si $\phi \to 0$. Lorsque ϕ diverge, elles tendent vers :

$$t^{\frac{m(8-5\gamma)+2n(3\gamma-4)}{\gamma[m+3n(3\gamma-4)]}}$$

Examinons le cas 2. Le champ scalaire est tel que :

$$\phi_0 + 1/2 \left[\frac{(3 + 2\omega_1)\ln\phi}{p} - \frac{n^2(3 + 2\omega_1) + 2p^2\omega_0}{pn^2}\ln(p + n\phi) + \frac{2\omega_0\phi}{n} \right] = \Omega$$

Ainsi, il existe trois comportements possibles du champ scalaire tel que $\Omega \to -\infty$.

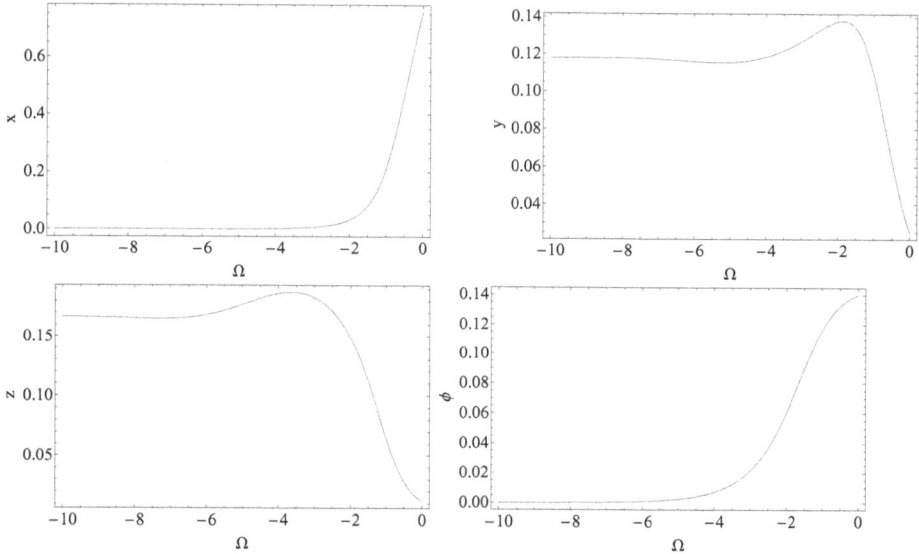

FIGURE 5.15 – Ces figures représentent l'approche des variables pour une isotropisation de classe 1 lorsque $\omega_0 = 2.3$, $\omega_1 = 0.5$, $n = -3.1$, $m = 1.1$ et $p = 3$. ϕ tend vers zéro.

Le premier est tel que ϕ tende vers zéro et il est alors nécessaire que $p > 0$ et $3 + 2\omega_1 > 0$. On calcule que $\ell \to p(3 + 2\omega_1)^{-1/2}$ impliquant $p^2(3 + 2\omega_1)^{-1} < 3$. Les fonctions métriques tendent vers $t^{(3+2\omega_1)/p^2}$ et k tend toujours vers 0 tant que $\ell^2 < 3/2\gamma$. Ce cas est montré sur la figure 5.16. Puisque ϕ tend vers zéro, λ tend vers une constante et les résultats sont identiques dans le référentiel de Brans-Dicke.

Le second est tel que ϕ diverge comme $\frac{n}{2\omega_0}\Omega$. Il doit être positif et les expressions de ℓ et ℓ_m seront alors réelles si $\omega_0 > 0$. Ceci implique que la divergence positive de ϕ nécessite $n < 0$. Alors, ℓ tend vers $n(2\omega_0)^{-1/2}$ et il vient qu'une condition nécessaire à l'isotropisation est $n^2(2\omega_0)^{-1} > 3$. Les fonctions métriques tendent vers $t^{\frac{2\omega_0}{n^2}}$ et k vers 0 si $n(m - 2n) + 6\gamma\omega_0 > 0$. Dans le référentiel de Brans-Dicke, nous trouvons que les fonctions métriques tendent vers $t^{\frac{mn+12\omega_0(3\gamma-4)}{mn}}$.

Enfin, le troisième comportement du champ scalaire est tel que $\phi \to -pn^{-1}$ et Ω diverge négativement si $\left[-n^2(3 + 2\omega_1) - 2k^2\omega_0\right](pn^2)^{-1} > 0$. Alors, $\ell \to 0$ et l'Univers tend vers un modèle de De Sitter. La condition $k \to 0$ est toujours respectée. Une fois de plus, λ tend vers une constante et, dans le référentiel de Brans-Dicke, les fonctions métriques tendent vers la même forme que dans le référentiel d'Einstein.

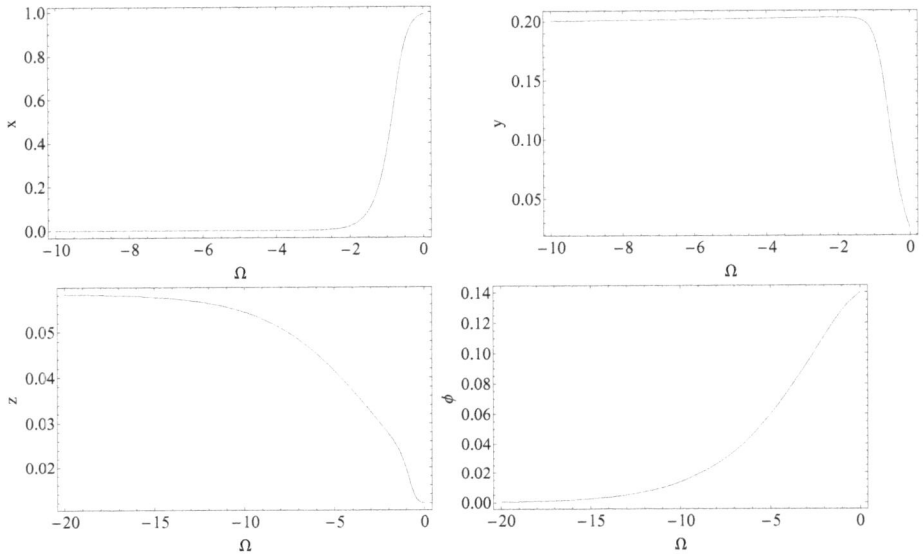

FIGURE 5.16 – Ces figures représentent l'approche des variables pour une isotropisation de classe 1 lorsque $\omega_0 = 2.3$, $\omega_1 = 0.5$, $n = -3.1$, $m = 1.1$ et $p = 0.7$. ϕ tend vers zéro et ℓ vers 0.35 ce qui est plus petit que $3/2\gamma = 3/2$

Ceci termine le chapitre sur l'isotropisation du modèle de Bianchi de type I. Dans le chapitre suivant, nous allons voir comment traiter les modèles avec courbure.

Chapitre 6

Les modèles de Bianchi avec courbure

Dans les deux sections suivantes, nous allons considérer la présence de courbure en étudiant le processus d'isotropisation des modèles de Bianchi de la classe A, c'est-à-dire de type II, VI_0, VII_0, VIII et IX. Ce dernier modèle en particulier, contient les solutions des modèles FLRW à courbure positive. Comme pour le modèle de Bianchi de type I, nous commencerons par examiner ce qui se passe sans[61], puis avec un fluide parfait[36].

6.1 Equations de champs

L'hamiltonien ADM pour les modèles avec courbure s'écrit :

$$H^2 = p_+^2 + p_-^2 + 12\frac{p_\phi^2 \phi^2}{3 + 2\omega} + 24\pi^2 R_0^6 e^{-6\Omega} U + \delta e^{3(\gamma-2)\Omega} + V(\Omega, \beta_+, \beta_-) \quad (6.1)$$

où $V(\Omega, \beta_+, \beta_-)$ est le potentiel de courbure caractérisant chaque modèle de Bianchi et figurant dans le tableau 6.1. Les équations de Hamilton sont alors :

$$\dot{\beta}_\pm = \frac{\partial H}{\partial p_\pm} = \frac{p_\pm}{H} \quad (6.2)$$

$$\dot{\phi} = \frac{\partial H}{\partial p_\phi} = \frac{12\phi^2 p_\phi}{(3 + 2\omega)H} \quad (6.3)$$

Bianchi type	$V(\Omega, \beta_+, \beta_-)$
II	$12\pi^2 R_0^4 e^{4(-\Omega+\beta_++\sqrt{3}\beta_-)}$
VI_0, VII_0	$24\pi^2 R_0^4 e^{-4\Omega+4\beta_+}(\cosh 4\sqrt{3}\beta_- \pm 1)$
$VIII, IX$	$24\pi^2 R_0^4 e^{-4\Omega}[e^{4\beta_+}(\cosh 4\sqrt{3}\beta_- - 1) +$
	$1/2 e^{-8\beta_+} \pm 2e^{-2\beta_+}\cosh 2\sqrt{3}\beta_-]$

TABLE 6.1 – Potentiel de courbure des modèles de Bianchi de la classe A.

99

$$\dot{p}_\pm = -\frac{\partial H}{\partial \beta_\pm} = -\frac{\partial V}{2H\partial \beta_\pm} \qquad (6.4)$$

$$\dot{p}_\phi = -\frac{\partial H}{\partial \phi} = -12\frac{\phi p_\phi^2}{(3+2\omega)H} + 12\frac{\omega_\phi \phi^2 p_\phi^2}{(3+2\omega)^2 H} - 12\pi^2 R_0^6 \frac{e^{-6\Omega}U_\phi}{H} \qquad (6.5)$$

$$\dot{H} = \frac{dH}{d\Omega} = \frac{\partial H}{\partial \Omega} = -72\pi^2 R_0^6 \frac{e^{-6\Omega}U}{H} + 3/2\delta(\gamma-2)\frac{e^{3(\gamma-2)\Omega}}{H} + \frac{\partial V}{2H\partial \Omega} \qquad (6.6)$$

La définition d'un état isotrope reste inchangée par rapport à celle du modèle de Bianchi de type I. Mais désormais les moments conjugués des fonctions $\beta_\pm$ ne sont plus des constantes et donc lorsque l'on écrit qu'une condition nécessaire à l'isotropie est $d\beta_\pm/dt \to 0$, celle ci se traduit par $p_\pm e^{3\Omega} \to 0$.

Contrairement au modèle de Bianchi de type I, cette limite ne nous assure plus que l'isotropie se produit lorsque l'Univers est en expansion infinie en $\Omega \to -\infty$. Supposons que l'isotropisation de l'Univers conduise à un Univers statique, c'est-à-dire tel que $\Omega \to const$, lorsque le temps propre diverge. Alors, afin que $d\beta_\pm/dt$ disparaissent, il faut que $p_\pm \to 0$. Cependant les équations (6.4) indique que $dp_\pm/dt \propto -\frac{\partial V}{\partial \beta_\pm}e^{3\Omega}$. Par conséquent si Ω et $\beta_\pm$ tendent vers des constantes lorsque $t \to +\infty$, pour les modèles de Bianchi de type II, VI_0 et VIII, ces dérivées tendent vers des constantes non nulles et les moments conjugués $p_\pm$ ne peuvent pas disparaître et l'isotropie se produire. En revanche, les choses ne sont pas si simples pour les modèles de Bianchi de type VII_0 et IX car si $\beta_\pm \to 0$, il en est de même de $\frac{\partial V}{\partial \beta_\pm}$ et on ne peut rien dire sur les valeurs asymptotiques de $p_\pm$. Nous montrerons plus loin que pour ces modèles également, l'isotropie ne peut surgir que pour une valeur divergente de Ω.

Par conséquent, pour les modèles de Bianchi avec courbure, l'isotropisation ne peut se produire que si :

$$\Omega \to \pm\infty$$

$$\frac{d\beta_\pm}{d\Omega} \to 0$$

$$p_\pm e^{3\Omega} \to 0$$

Dans ce qui suit, l'hypothèse de variabilité de ℓ^2 sera systématiquement appliquée. Nous n'avons pas exploré ce qui se passe lorsque celle ci est levée. En effet, nous verrons que les résultats obtenus pour l'isotropisation des modèles avec courbure sont similaires à ceux obtenus pour un modèle plat. En revanche les conditions à vérifier pour montrer que l'isotropie est atteinte sont bien plus nombreuses et l'hypothèse de variabilité ne peut être levée facilement sans alourdir les calculs. Notons cependant que ceci est techniquement faisable comme montré pour le modèle de Bianchi de type I.

Afin de décrire la courbure des modèles de Bianchi nous introduirons de nouvelles variables préfixées w, similaires aux trois variables N_i ($i = 1, 2, 3$) définies par des arguments de symétrie des constantes de structure dans [60] et [30].

6.2 Dans le vide

6.2.1 Modèle de Bianchi de type II

Afin de réécrire les équations de champs, nous utilisons les variables suivantes[61] :

$$x_\pm = p_\pm H^{-1} \tag{6.7}$$

$$y = \pi R_0^3 \sqrt{U} e^{-3\Omega} H^{-1} \tag{6.8}$$

$$z = p_\phi \phi (3 + 2\omega)^{-1/2} H^{-1} \tag{6.9}$$

$$w = \pi R_0^2 e^{-2\Omega + 2(\beta_+ + \sqrt{3}\beta_-)} H^{-1} \tag{6.10}$$

Une seule variable w suffit à décrire la courbure de ce modèle de même qu'une seule variable N_i était suffisante dans [30]. Alors la condition $\frac{d\beta_\pm}{d\Omega} \to 0$ nécessaire à l'isotropisation se traduit par $x_\pm \to 0$. Ce sera la même pour tous les types de Bianchi pour lesquels nous réutiliserons les mêmes variables $x_\pm$, y et z. La contrainte Hamiltonienne et les équations de champs se réécrivent comme :

$$x_+^2 + x_-^2 + 24y^2 + 12z^2 + 12w^2 = 1 \tag{6.11}$$

$$\dot{x}_+ = 72y^2 x_+ + 24w^2 x_+ - 24w^2 \tag{6.12}$$

$$\dot{x}_- = 72y^2 x_- + 24w^2 x_- - 24\sqrt{3}w^2 \tag{6.13}$$

$$\dot{y} = y(6\ell z + 72y^2 - 3 + 24w^2) \tag{6.14}$$

$$\dot{z} = y^2(72z - 12\ell) + 24w^2 z \tag{6.15}$$

$$\dot{w} = 2w(x_+ + \sqrt{3}x_- + 12w^2 + 36y^2 - 1) \tag{6.16}$$

avec $\ell = \phi U_\phi U^{-1}(3 + 2\omega)^{-1/2}$. La contrainte montre que les variables (6.7-6.10) sont normalisées. De plus, nous retrouvons l'équation habituelle pour le champ scalaire :

$$\dot{\phi} = \frac{12\phi}{\sqrt{3 + 2\omega}} z,$$

Afin de déterminer le comportement asymptotique des fonctions nous aurons besoin de connaître le comportement asymptotique de l'Hamiltonien. Nous réécrivons donc l'équation de Hamilton pour H sous la forme :

$$\dot{H} = -H(72y^2 + 24w^2) \tag{6.17}$$

Elle montre que H est une fonction monotone gardant son signe initial au cours de son évolution. Par conséquent, on déduit de la fonction lapse que lorsque H est initialement positif (négatif), $\Omega \to -\infty$ correspond aux époques tardives(respectivement primordiales) et vice-versa lorsque $\Omega \to +\infty$.

Munie de toutes ces équations, nous pouvons désormais calculer les points d'équilibre correspondant à une isotropisation de classe 1 à partir des équations (6.12-6.16). Il en existe plusieurs mais le seul à retenir (pour une justification de cette sélection le lecteur peut se référer à l'article [61]) est tel que :

$$(x_+, x_-, y, z, w) = (0, 0, \pm\sqrt{3-\ell^2}(6\sqrt{2})^{-1}, \ell/6, 0)$$

Il est donc semblable à celui trouvé pour le modèle plat de type I de Bianchi. Il sera réel et correspondra à un état d'équilibre si ℓ tend vers une constante telle que $\ell^2 < 3$. Afin de trouver le comportement asymptotique de w, on linéarise (6.16) au voisinage de l'équilibre en négligeant les variables w et $x_\pm$ tendant vers zéro. Il vient :

$$w \to e^{(1-\ell^2)\Omega}$$

Linéarisant de la même manière (6.12), utilisant l'hypothèse de variabilité de ℓ^2 et introduisant cette dernière expression pour w, on obtient que $x_\pm$ se comportent comme la somme de deux termes $e^{2(1-\ell^2)\Omega}$ et $e^{(3-\ell^2)\Omega}$. L'isotropie ayant besoin de $x_\pm \to 0$ et $\ell^2 < 3$, nous en déduisons que cela arrive seulement lorsque $\ell^2 < 1$ en $\Omega \to -\infty$. La valeur spéciale $\ell^2 = 1$ n'est pas compatible avec l'isotropie. Ceci découle de notre hypothèse de variabilité de ℓ^2 qui implique que si $\ell^2 \to 1$, $\ell^2 - 1$ disparaît généralement plus vite que Ω^{-1}. Mais alors, w tendrait vers une constante non nulle ce qui est incompatible avec l'expression des points d'équilibre.

Les deux limites $\ell^2 < 1$ et $\Omega \to -\infty$ permettent à $x_\pm$ mais aussi à w de tendre vers zéro. Il vient qu'asymptotiquement

$$x_\pm \to e^{2(1-\ell^2)\Omega}$$

Afin de savoir si notre modèle s'isotropise, il nous faut vérifier que $p_\pm e^{3\Omega} \to 0$ lorsque $\Omega \to -\infty$. Pour cela, on écrit $\dot{p}_\pm/H$ comme une fonction de $x_\pm$ et w et on utilise leurs comportements asymptotiques. On calcul alors que $\dot{p}_\pm/p_\pm$ tend vers la constante $-(1+\ell^2)$. Par conséquent, $p_\pm e^{3\Omega} \to e^{(2-\ell^2)\Omega}$ et disparaît lorsque Ω diverge négativement et que les conditions nécessaires à l'isotropie sont respectées. Les comportements asymptotiques des fonctions métriques et du potentiel sont les mêmes que pour le modèle de Bianchi de type I et dépendent de la même manière de la disparition ou non de la fonction ℓ^2 à l'approche de l'isotropie. La 3-courbure quant à elle tend vers zéro lorsque $\Omega \to -\infty$, montrant que l'Univers devient plat.

6.2.2 Modèles de Bianchi de types VI_0 et VII_0

Cette fois les variables que nous allons utiliser sont :

$$x_\pm = p_\pm H^{-1} \tag{6.18}$$

$$y = \pi R_0^3 e^{-3\Omega} U^{1/2} H^{-1} \tag{6.19}$$

$$z = p_\phi \phi (3 + 2\Omega)^{-1/2} H^{-1} \tag{6.20}$$

$$w_\pm = \pi R_0^2 e^{-2\Omega + 2\beta_+ \pm 2\sqrt{3}\beta_-} H^{-1} \tag{6.21}$$

La différence avec le modèle de Bianchi de type II est qu'il nous faut 2 variables pour décrire la courbure, dont l'une d'elle (w_+) est la variable w précédemment définie pour ce dernier modèle. Ceci est en accord avec [30] où deux variables N_i sont également nécessaires. La contrainte Hamiltonienne s'écrit :

$$x_+^2 + x_-^2 + 24y^2 + 12z^2 + 12(w_+ \pm w_-)^2 = 1 \tag{6.22}$$

et les équations de champs deviennent

$$\dot{x}_+ = 72y^2 x_+ + 24(x_+ - 1)(w_- \pm w_+)^2 \tag{6.23}$$

$$\dot{x}_- = 72y^2 x_- + 24x_-(w_- \pm w_+)^2 + 24\sqrt{3}(w_-^2 - w_+^2) \tag{6.24}$$

$$\dot{y} = y(6\ell z + 72y^2 - 3 + 24(w_- \pm w_+)^2) \tag{6.25}$$

$$\dot{z} = y^2(72z - 12\ell) + 24z(w_- \pm w_+)^2 \tag{6.26}$$

$$\dot{w}_+ = 2w_+ \left[x_+ + \sqrt{3}x_- + 12(w_- \pm w_+)^2 + 36y^2 - 1 \right] \tag{6.27}$$

$$\dot{w}_- = 2w_- \left[x_+ - \sqrt{3}x_- + 12(w_- \pm w_+)^2 + 36y^2 - 1 \right] \tag{6.28}$$

A nouveau nous exprimons l'équation de Hamilton pour H en fonctions des variables y et $w_\pm$:

$$\dot{H} = -H \left[72y^2 + 24(w_+ \pm w_-)^2 \right] \tag{6.29}$$

Dans les équations, les symboles $\pm$ correspondent respectivement aux modèles de Bianchi de type VI_0 et VII_0. Pour le premier modèle, la contrainte (6.22) montre que les variables sont normalisées. Ce n'est pas le cas pour le second : à cause du signe -, w_+ et w_- pourraient diverger si la différence $w_+ - w_-$ reste finie, respectant ainsi la contrainte. Nous montrerons plus bas que ceci est en fait impossible. Supposant que toutes les variables sont normalisées, nous en déduisons que l'isotropisation est impossible pour une valeur finie de Ω. En effet, si $\Omega \to const$ lorsque le temps propre t diverge, $d\Omega/dt \to 0$. Mais de la forme de la fonction lapse et du fait que $dt = -Nd\Omega$, on en déduit que H devrait tendre vers zéro. Il vient alors de la définition des variables

$w_\pm$ qu'elles devraient diverger ce qui est incompatible avec le fait qu'elles sont bornées au voisinage de l'isotropie. Ainsi, l'isotropisation ne peut mener l'Univers vers un état statique et Ω diverge forcément.

Une fois de plus, on retrouve les mêmes points d'équilibre que pour le modèle de Bianchi de type II[61] :

$$(x_+, x_-, y, z, w_\pm) = (0, 0, \pm\sqrt{3 - \ell^2}(6\sqrt{2})^{-1}, \ell/6, 0)$$

Il seront réels si ℓ^2 tend vers une constante plus petite que 3.

De la même manière que pour le modèle de Bianchi de type II, on peut montrer que Ω est une fonction monotone du temps propre dont la divergence en $-\infty$ correspond aux époques tardives si l'Hamiltonien est initialement positif. On montre également que les comportements asymptotiques des fonctions $x_\pm$, $w_\pm$, $p_\pm e^{3\Omega}$, $e^{-\Omega}$ et U sont les mêmes, imposant que $\ell^2 < 1$ à l'approche de l'isotropie.

L'ensemble de ces résultats a été démontré non pas en considérant les comportements individuels de w_+ et w_- mais en considérant que $w_+ \pm w_- \to 0$. Comme nous déduisons de cette unique limite qu'à l'approche de l'isotropie, $w_\pm \to 0$, il s'ensuit que ces variables sont toujours bornées comme énoncé au début de cette section, et en particulier pour le modèle de Bianchi de type VII_0.

6.2.3 Modèles de Bianchi de types VIII et IX

Nous utiliserons les variables suivantes :

$$x_\pm = p_\pm H^{-1}$$
$$y = \pi R_0^3 e^{-3\Omega} U^{1/2} H^{-1}$$
$$z = p_\phi \phi (3 + 2\Omega)^{-1/2} H^{-1}$$
$$w_p = \pi R_0^2 e^{-2\Omega + 2\beta_+} H^{-1}$$
$$w_m = \pi R_0^2 e^{-2\Omega - 2\beta_+} H^{-1}$$
$$w_- = e^{2\sqrt{3}\beta_-}$$

Comme on peut le voir, les variables w_p et w_m ne sont pas indépendantes l'une de l'autre et à l'approche de l'isotropie nous avons $w_p \propto w_m \propto e^{-2\Omega} H^{-1}$. Notons de plus que w_- est une variable positive. Trois variables w sont donc nécessaires pour décrire la courbure de la même manière que trois variables N_i sont utilisées dans [30]. L'équation de contrainte s'écrit alors :

$$x_+^2 + x_-^2 + 24y^2 + 12z^2 + 12[w_p^3(1 + w_-^4) \pm 2w_-(w_m w_p)^{3/2}(1 + w_-^2) +$$

$$w_-^2(w_m^3 - 2w_p^3)](w_-^2 w_p)^{-1} = 1$$

et les équations de champs :

$$\dot{x}_+ = 72y^2 x_+ + 24\{w_p^3(x_+ - 1)(1 + w_-^4) \pm w_-(1 + 2x_+)(w_m w_p)^{3/2}(1 + w_-^2)$$
$$+ w_-^2 \left[(2 + x_+)w_m^3 - 2(x_+ - 1)w_p^3\right]\}(w_-^2 w_p)^{-1} \tag{6.30}$$

$$\dot{x}_- = 72y^2 x_- + 24\{w_p^3 \left[w_-^4(x_- - \sqrt{3}) + x_- + \sqrt{3})\right] \pm w_-(w_m w_p)^{3/2}[w_-^2$$
$$(-\sqrt{3} + 2x_-) + (\sqrt{3} + 2x_-)] + w_-^2 x_-(w_m^3 - 2w_p^3)\}(w_-^2 w_p)^{-1} \tag{6.31}$$

$$\dot{y} = y\{6\ell z + 72y^2 - 3 + 24[w_p^3(1 + w_-^4) \pm 2(w_m w_p)^{3/2} w_-(1 + w_-^2) +$$
$$w_-^2(w_m^3 - 2w_p^3)](w_-^2 w_p)^{-1}\} \tag{6.32}$$

$$\dot{z} = y^2(72z - 12\ell) + 24z[w_p^3(1 + w_-^4) \pm 2(w_m w_p)^{3/2} w_-(1 + w_-^2) +$$
$$w_-^2(w_m^3 - 2w_p^3)](w_-^2 w_p)^{-1} \tag{6.33}$$

$$\dot{w}_p = w_p\{-2 + 2x_+ + 72y^2 + 24[w_p^3(1 + w_-^4) \pm 2w_-(w_m w_p)^{3/2}(1 + w_-^2)$$
$$+ w_-^2(w_m^3 - 2w_p^3)](w_-^2 w_p)^{-1}\} \tag{6.34}$$

$$\dot{w}_m = w_m\{-2 - 2x_+ + 72y^2 + 24[w_p^3(1 + w_-^4) \pm 2w_-(w_m w_p)^{3/2}(1 + w_-^2)$$
$$+ w_-^2(w_m^3 - 2w_p^3)](w_-^2 w_p)^{-1}\} \tag{6.35}$$

$$\dot{w}_- = 2\sqrt{3}w_- x_- \tag{6.36}$$

L'équation de Hamilton pour H devient :

$$\dot{H} = -H[72y^2 + 24(\pm 2\frac{w_p^{1/2} w_m^{3/2}}{w_-} \pm 2w_p^{1/2} w_m^{3/2} w_- - 2w_p^2 + \frac{w_p^2}{w_-^2} +$$
$$w_p^2 w_-^2 + \frac{w_m^3}{w_p}) + \tfrac{3}{2}(\gamma - 2)k^2] \tag{6.37}$$

Le signe $\pm$ représente respectivement le modèle de Bianchi de type VIII ou IX. La contrainte montre que les variables ne sont pas forcément normalisées : si l'une d'elle diverge, cette divergence peut être contrebalancée par celle de w_m ou w_p. Donc si nous montrons que l'isotropie ne se produit que pour des valeurs finies de w_m et w_p, cela signifiera qu'elle ne se produit que pour des valeurs finies de toutes les variables.

Afin d'atteindre ce but, nous écrirons qu'à l'approche de l'isotropie $w_p \to w_m \to w$ et $w_- \to 1$. Alors la contrainte du modèle de Bianchi de type VIII montre que toutes les variables sont positives et donc doivent prendre des valeurs finies. En ce qui concerne le modèle de Bianchi de type IX, supposons que w diverge. Alors si l'on pose $x_\pm = 0$, on déduit de la contrainte que $3w^2 \to 2y^2 + z^2 - 1/12$ et de l'équation pour $\dot{w}$ que

$3w^2 \to 3y^2 - 1/12$, impliquant qu'asymptotiquement $z^2 \to y^2$ et divergent comme w^2. Cependant, avec ces limites on obtient des équations pour $\dot{y}$ et $\dot{z}$ que $\dot{y} \to 6\ell z^2 - 3z$ et $\dot{z} \to -12\ell z^2 + 2z$. Alors l'équilibre pour y et z peut seulement être obtenu lorsque $z \to 0$ ce qui est en contradiction avec la divergence de z que nous venons de montrer. On en déduit donc qu'un état d'équilibre isotrope stable est impossible si w_p et w_m divergent. Il s'ensuit pour les mêmes raisons que pour les modèles de Bianchi précédents, que l'isotropisation est impossible pour une valeur finie de Ω.

On peut aussi montrer que w_p et w_m ne peuvent pas tendre vers des constantes non nulles. Supposons que ce soit le cas et définissons les deux constantes w et α telles que $w_p \to w$ et $w_m \to \alpha w$. On introduit ces limites dans les équations pour $\dot{x}_\pm$ avec $x_\pm = 0$. Il vient :

$$\dot{x}_+ = -24w^2(1 + w_- \alpha^{3/2}(1 + w_-^2) - 2w_-^2(1 + \alpha^3) + w_-^4)w_-^{-2} \tag{6.38}$$
$$\dot{x}_- = -24\sqrt{3}w^2(w_-^2 - 1)(1 - \alpha^{3/2}w_- + w_-^2)w_-^{-2} \tag{6.39}$$

Alors, pour le modèle de Bianchi de type VIII, on en déduit que l'équilibre pour $x_\pm$ sera atteint uniquement si α tend vers la valeur complexe $(-1)^{2/3}$ ou/et si w_- est négatif ce qui est impossible. Pour le modèle de Bianchi de type IX, l'équilibre pour $x_\pm$ peut être atteint si $w_p \to w_m$ (i.e. $\beta_\pm \to 0$) et $w_- \to 1$. Alors, calculant les points d'équilibre, les seuls qui soient réels et tels que w_p et w_m soient différents de 0 sont $(x_+, x_-, y, z, w_p, w_m, w_-) = (0, 0, \pm(6\ell)^{-1}, (6\ell)^{-1}, \pm(1 - \ell^2)^{1/2}(6\ell)^{-1}, 1)$. Ils vérifient l'équation de contrainte et sont réels si $\ell^2 < 1$. De plus, on calcule que w_p et w_m tendent vers $\pm(1 - \ell^2)^{1/2}(1 - e^{\frac{4\Omega(\ell^2-1)+\omega_0}{\ell^2}} + 36\ell^2)^{-1/2}$ et donc atteignent l'équilibre en $\Omega \to +\infty$. Introduisant ces expressions dans $\dot{x}_+$, il vient alors que x_+ tend vers une valeur complexe en $\Omega \to +\infty$ et donc que ces points d'équilibre sont exclus.

Par conséquent, les seuls points d'équilibre isotropes possibles sont tels que

$$(x_+, x_-, y, z, w_p, w_m, w_-) = (0, 0, \pm\sqrt{3 - \ell^2}(6\sqrt{2})^{-1}, \ell/6, 0, 0, 1)$$

Les variables w_m et w_p se comportent asymptotiquement comme $e^{(1-\ell^2)\Omega}$ et $x_\pm$ comme $e^{2(1-\ell^2)\Omega}$. Il s'ensuit que les comportements asymptotiques des fonctions métriques et du potentiel sont les mêmes asymptotiquement que pour les autres modèles. En revanche, le signe de l'Hamiltonien (6.37) n'est pas conservé tout au long de l'évolution temporelle et il n'est donc pas possible de savoir si la limite $\Omega \to -\infty$ correspond aux époques tardives ou primordiales.

6.2.4   Discussion

Techniquement par rapport au modèle de Bianchi de type I, il existe plusieurs diffé-
rences :

- Mise à part pour les modèles de Bianchi de type II et VI_0, la contrainte n'implique
  pas automatiquement que les variables x, y, z et w soient bornées. Il faut montrer
  que c'est le cas à l'approche d'un état isotrope stable.
- Il faut montrer que l'isotropie correspond à une expansion infinie de l'Univers
  $(\Omega \to -\infty)$.
- Il faut montrer que le produit $p_{\pm}e^{3\Omega}$ tend vers zéro.

Physiquement, les modèles avec courbure sont plus intéressants que les modèles à sections spatiales plates car ils permettent de montrer que l'isotropisation de classe 1 s'ac-
compagne d'une expansion accélérée et d'un aplatissement des sections spatiales. Ceci
provient du fait que les points d'équilibre sont tels que les variables w liées à la courbure
disparaissent à l'approche de l'isotropie, réduisant l'intervalle de valeurs dans lequel la
fonction ℓ doit tendre asymptotiquement afin de permettre l'isotropisation. Les comportements asymptotiques des fonctions métriques et du potentiel sont alors les mêmes
que pour le modèle de Bianchi de type I car l'Hamiltonien et la fonction lapse des
modèles avec courbure se comportent asymptotiquement de la même manière. On a
donc le résultat suivant :

*Soit une théorie tenseur-scalaire minimalement couplée et massive et la quantité ℓ
définie par $\ell = \frac{\phi U_{\phi}}{U(3+2\omega)^{1/2}}$.*
*Le comportement asymptotique du champ scalaire à l'approche de l'isotropie est donné
par la forme asymptotique de la solution de l'équation différentielle $\dot{\phi} = 2\frac{\phi^2 U_{\phi}}{U(3+2\omega)}$ en
$\Omega \to -\infty$. Cette limite ne correspond pas forcément aux époques tardives pour les
modèles de Bianchi de type VIII et IX contrairement aux autres modèles. Une condition nécessaire à l'isotropisation de classe 1 est que $\ell^2 < 1$. Si ℓ tend vers une constante
non nulle, les fonctions métriques tendent vers $t^{\ell^{-2}}$ et le potentiel disparaît comme t^{-2}.
Si ℓ tend vers zéro, l'Univers tend vers un modèle de De Sitter et le potentiel vers une
constante. Dans tous les cas l'Univers est asymptotiquement en expansion accélérée et
s'aplatit.*

Ainsi, le comportement accéléré de l'Univers et son aplatissement pourraient trouver
une explication naturelle à travers le fait que l'Univers s'isotropise. Remarquons que le
comportement asymptotique du modèle de Bianchi de type IX n'est pas oscillatoire.
Ceci n'est pas incompatible avec un comportement de type mixmaster au voisinage
d'une singularité comme observé dans [62]. Notons également que le fait qu'il n'existe

qu'un seul état équilibre isotrope tel que la courbure tende vers zéro peut paraître cho-
quant. Ceci pourrait être dû au fait que nous appliquons l'hypothèse de variabilité de
ℓ.

6.3   Avec fluide parfait

En l'absence de courbure, nous avons vu qu'en présence d'un fluide parfait dépourvu
de couplage avec le champ scalaire, lorsque $k \to const \neq 0$, une expansion accélérée
de l'Univers était impossible car les fonctions métriques tendent vers $t^{\frac{2}{3\gamma}}$. Au contraire,
dans la section précédente, nous avons vu qu'en présence de courbure, l'expansion de
l'Univers aux époques tardives était toujours accélérée lors de l'isotropisation. Le but
de cette section est donc de savoir ce qui se passe lorsque l'on considère à la fois de la
courbure et un fluide parfait d'équation d'état $p = (\gamma - 1)\rho$.
En ce qui concernent les équations de champs, elles changent peu : un terme contenant
la variable k que nous avions précédemment définie par $k^2 = \delta e^{3(\gamma-2)\Omega}H^{-2}$ (cf équation
(5.24)), vient s'ajouter dans chaque équation de champs. Nous les avons réécrites dans
l'annexe à la fin de cette section. Ci-dessous, on examine le processus d'isotropisation
lorsque le paramètre de densité du fluide parfait tend vers zéro ($k \to 0$) ou vers une
constante non nulle ($k \not\to 0$).

$k \to 0$
Les résultats sont les mêmes qu'en l'absence d'un fluide parfait mais la condition
$k \to 0$, indiquant que $U >> V^{-\gamma}$, ajoute une nouvelle contrainte. On peut cependant montrer que celle ci est moins restrictive que la contrainte $\ell^2 < 1$ nécessaire à
l'isotropisation. Par conséquent, contrairement à ce qui se passait pour le modèle de
Bianchi de type I, elle ne modifie pas cet intervalle de valeurs pour ℓ^2.

$k \not\to 0$
La première question à se poser est de savoir si la condition $p_{\pm}e^{3\Omega} \to 0$, nécessaire à
l'isotropie peut être respectée lorsque Ω tend vers une constante. Supposons que ce soit
le cas, alors il faudrait que $p_{\pm} \to 0$. Supposons dans le même temps que $x_{\pm} \not\to 0$. Alors
d'après la définition de $x_{\pm}$, il faudrait que l'Hamiltonien H soit tel que $H \to 0$. Mais
alors k divergerait et la contrainte ne serait pas respectée car, à l'approche de l'isotropie,
toutes les variables doivent être bornées comme montré dans [63]. Donc, H ne peut pas
tendre vers zéro et $x_{\pm}$ doit disparaître à l'approche de l'isotropie. De la même manière
H ne peut diverger car alors $k \to 0$ ce qui est en désaccord avec notre supposition de
départ. Par conséquent, lorsque l'isotropisation se produit pour une valeur finie de Ω,

H doit tendre vers une quantité finie et non nulle et, d'après leurs définitions, il doit donc en être de même pour les variables w décrivant la courbure.

Or, lorsque l'on calcule les points d'équilibre des équations de champs tels que $x_\pm \to 0$, les seuls points possible sont :

$$(x_\pm, y, z, w) = (0, \pm\frac{\sqrt{\gamma(2-\gamma)}}{4\sqrt{2}\pi R_0^3 \ell}, \frac{\gamma}{4\ell}, 0)$$

et sont donc tels que $w \to 0$. Il s'ensuit que l'isotropisation ne peut se produire que pour une valeur infinie de Ω. La contrainte hamiltonienne montre également que $k^2 = 1 - \frac{3\gamma}{2\ell^2}$, cette variable étant finie et réelle si $\ell^2 > \frac{3}{2}\gamma$. On calcule alors qu'asymptotiquement :

$$H \to e^{-\frac{3}{2}(2-\gamma)\Omega}$$

ce qui montre bien que $k^2 \to const \neq 0$ et, d'après la définition (5.25) de k, que $U \propto V^{-\gamma}$. Les variables w quant à elles se comportent asymptotiquement comme :

$$w \to e^{(1-\frac{3\gamma}{2})\Omega}$$

Or $\gamma \in [1, 2]$ et donc w tendra vers zéro si $\Omega \to +\infty$. Cependant, pour les variables $x_\pm$ on calcule que

$$x \to e^{(2-3\gamma)\Omega}(e^{(1+\frac{3\gamma}{2})\Omega} + x_0)$$

Nous voyons alors que pour cet intervalle de γ et cette limite pour Ω, $x_\pm$ divergent. Donc, le point d'équilibre ne peut être atteint dans ces conditions. Parallèlement, connaissant $x_\pm$ et H, on calcule que

$$p_\pm \to e^{-\frac{1}{2}(2+3\gamma)\Omega} + cte$$

Par conséquent, $p_\pm e^{3\Omega}$, w et $x_\pm$ disparaîtront si $\gamma < 2/3$ et $\Omega \to -\infty$. Alors, à l'approche de l'isotropie, $e^{-\Omega} \to t^{\frac{2}{3\gamma}}$ et $U \to t^{-2}$ comme pour le modèle de Bianchi de type I. Cette restriction sur γ n'existait pas pour le modèle de Bianchi de type I et ne correspond pas à un fluide parfait ordinaire.

6.3.1 Application

Pour résumer, nous avons le résultat suivant :

Lorsque $\Omega_m \to 0$, l'isotropisation se produit de la même manière qu'en l'absence de fluide parfait. En revanche elle est impossible lorsque $\Omega_m \not\to 0$ pour un fluide parfait ordinaire sauf si $\gamma < 2/3$.

Pour finir, nous reprenons l'application de la section 5.1.4 avec le potentiel en exponentiel du champ scalaire $e^{m\phi}$. Désormais la limite sur m permettant l'isotropisation est $m^2 < 2$ ce que confirme une simulation numérique montrant sur la figure 6.1 l'évolution des variables lorsque $m^2 < 2$ et $m^2 > 2$ pour le modèle de Bianchi de type II. Dans le premier cas, $x_{\pm} \to 0$ et l'Univers s'isotropise alors que dans le second ces variables tendent vers une constante démontrant une croissante linéaire des fonctions $\beta_{\pm}$ par rapport à Ω.

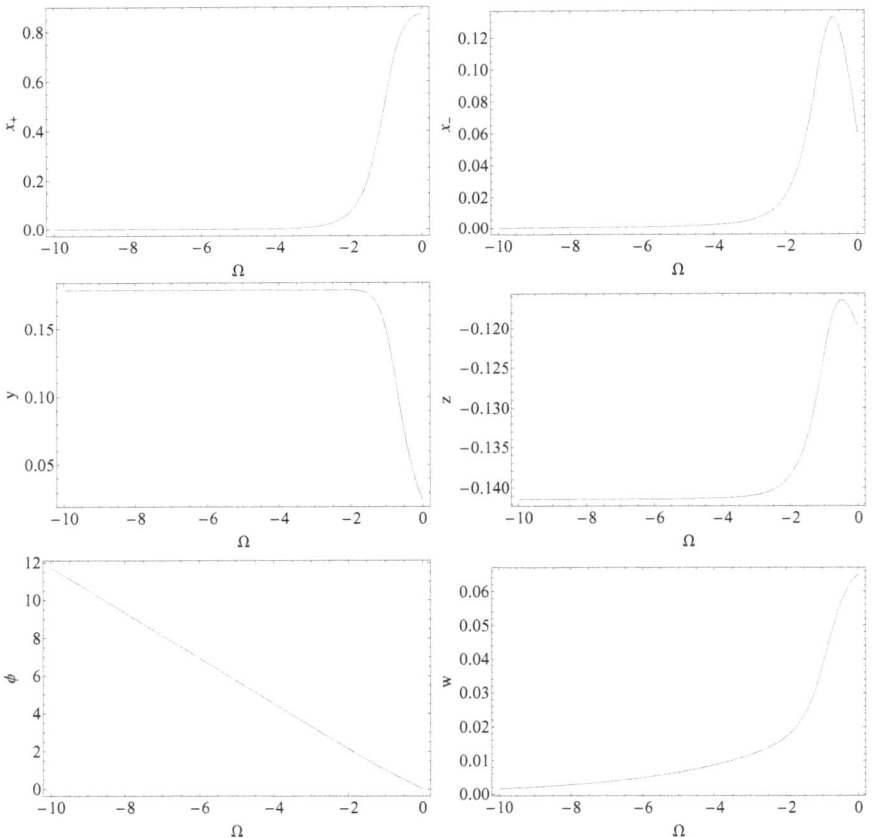

FIGURE 6.1 – Evolution des variables x_+, x_-, y, z, ϕ et w lorsque $\frac{(3+2\omega)^{1/2}}{\phi} = \sqrt{2}$, $U = e^{m\phi}$, $m = -1.2$ avec les valeurs initiales $(x_-, y, z, w, \phi) = (0.06, 0.025, -0.12, 0.065, 0.014)$. Si l'on choisit $m = -1.5$, x_- ne tend plus vers zéro et l'Univers ne s'isotropise plus.

6.4 Annexe : équations de champs des modèles de Bianchi avec courbure et fluide parfait

6.4.1 Modèle de Bianchi de type II

La contrainte Hamiltonienne s'écrit :

$$x_+^2 + x_-^2 + 24y^2 + 12z^2 + 12w^2 + k^2 = 1 \tag{6.40}$$

Les équations de Hamilton sont :

$$\dot{x}_+ = 72y^2x_+ + 24w^2x_+ - 24w^2 - \frac{3}{2}(\gamma - 2)k^2x_+ \tag{6.41}$$

$$\dot{x}_- = 72y^2x_- + 24w^2x_- - 24\sqrt{3}w^2 - \frac{3}{2}(\gamma - 2)k^2x_- \tag{6.42}$$

$$\dot{y} = y(6\ell z + 72y^2 - 3 + 24w^2) - \frac{3}{2}(\gamma - 2)k^2y \tag{6.43}$$

$$\dot{z} = y^2(72z - 12\ell) + 24w^2z - \frac{3}{2}(\gamma - 2)k^2z \tag{6.44}$$

$$\dot{w} = 2w(x_+ + \sqrt{3}x_- + 12w^2 + 36y^2 - 1) - \frac{3}{2}(\gamma - 2)k^2w \tag{6.45}$$

et l'équation pour le champ scalaire, commune à tous les modèles de Bianchi, s'écrit :

$$\dot{\phi} = 12\frac{z\phi}{\sqrt{3 + 2\omega}} \tag{6.46}$$

L'équation pour $\dot{H}$ peut être réécrite comme :

$$\dot{H} = -H(72y^2 + 24w^2 + \frac{3}{2}(\gamma - 2)k^2) \tag{6.47}$$

6.4.2 Modèle de Bianchi de type VI_0 et VII_0

La contrainte Hamiltonienne s'écrit :

$$x_+^2 + x_-^2 + 24y^2 + 12z^2 + 12(w_+ \pm w_-)^2 + k^2 = 1 \tag{6.48}$$

On a donc les équations de Hamilton suivantes :

$$\dot{x}_+ = 72y^2x_+ + 24(x_+ - 1)(w_- \pm w_+)^2 - \frac{3}{2}(\gamma - 2)k^2x_+ \tag{6.49}$$

$$\dot{x}_- = 72y^2x_- + 24x_-(w_- \pm w_+)^2 + 24\sqrt{3}(w_-^2 - w_+^2) - \tag{6.50}$$
$$\frac{3}{2}(\gamma - 2)k^2x_-$$

$$\dot{y} = y(6\ell z + 72y^2 - 3 + 24(w_- \pm w_+)^2) - \frac{3}{2}(\gamma - 2)k^2 y \qquad (6.51)$$

$$\dot{z} = y^2(72z - 12\ell) + 24z(w_- \pm w_+)^2 - \frac{3}{2}(\gamma - 2)k^2 z \qquad (6.52)$$

$$\dot{w}_+ = 2w_+ \left[x_+ + \sqrt{3}x_- + 12(w_- \pm w_+)^2 + 36y^2 - 1 \right] - \qquad (6.53)$$
$$\frac{3}{2}(\gamma - 2)k^2 w_+$$

$$\dot{w}_- = 2w_- \left[x_+ - \sqrt{3}x_- + 12(w_- \pm w_+)^2 + 36y^2 - 1 \right] - \qquad (6.54)$$
$$\frac{3}{2}(\gamma - 2)k^2 w_-$$

L'équation pour $\dot{H}$ est :

$$\dot{H} = -H \left[72y^2 + 24(w_+ \pm w_-)^2 + \frac{3}{2}(\gamma - 2)k^2 \right] \qquad (6.55)$$

6.4.3   Modèle de Bianchi de type VIII et IX

La contrainte Hamiltonienne s'écrit :

$$x_+^2 + x_-^2 + 24y^2 + 12z^2 + 12[w_p^3(1 + w_-^4) \pm 2w_-(w_m w_p)^{3/2}(1 + w_-^2) +$$
$$w_-^2(w_m^3 - 2w_p^3)](w_-^2 w_p)^{-1} + k^2 = 1$$

Les équations de Hamilton sont :

$$\dot{x}_+ = 72y^2 x_+ + 24\{w_p^3(x_+ - 1)(1 + w_-^4) \pm w_-(1 + 2x_+)(w_m w_p)^{3/2}(1 + w_-^2)$$
$$+ w_-^2 \left[(2 + x_+)w_m^3 - 2(x_+ - 1)w_p^3 \right]\}(w_-^2 w_p)^{-1} - \frac{3}{2}(\gamma - 2)k^2 x_+ \qquad (6.56)$$

$$\dot{x}_- = 72y^2 x_- + 24\{w_p^3 \left[w_-^4(x_- - \sqrt{3}) + x_- + \sqrt{3}) \right] \pm w_-(w_m w_p)^{3/2}[w_-^2(-\sqrt{3} +$$
$$2x_-) + (\sqrt{3} + 2x_-)] + w_-^2 x_-(w_m^3 - 2w_p^3)\}(w_-^2 w_p)^{-1} - \frac{3}{2}(\gamma - 2)k^2 x_- \quad(6.57)$$

$$\dot{y} = y\{6\ell z + 72y^2 - 3 + 24[w_p^3(1 + w_-^4) \pm 2(w_m w_p)^{3/2}w_-(1 + w_-^2) +$$
$$w_-^2(w_m^3 - 2w_p^3)](w_-^2 w_p)^{-1}\} - \frac{3}{2}(\gamma - 2)k^2 y \qquad (6.58)$$

$$\dot{z} = y^2(72z - 12\ell) + 24z[w_p^3(1 + w_-^4) \pm 2(w_m w_p)^{3/2}w_-(1 + w_-^2) +$$
$$w_-^2(w_m^3 - 2w_p^3)](w_-^2 w_p)^{-1} - \frac{3}{2}(\gamma - 2)k^2 z \qquad (6.59)$$

$$\dot{w}_p = w_p\{-2 + 2x_+ + 72y^2 + 24[w_p^3(1 + w_-^4) \pm 2w_-(w_m w_p)^{3/2}(1 + w_-^2)$$

$$+w_-^2(w_m^3 - 2w_p^3)](w_-^2 w_p)^{-1}\} - \frac{3}{2}(\gamma - 2)k^2 w_p \tag{6.60}$$

$$\dot{w}_m = w_m\{-2 - 2x_+ + 72y^2 + 24[w_p^3(1 + w_-^4) \pm 2w_-(w_m w_p)^{3/2}(1 + w_-^2)$$

$$+w_-^2(w_m^3 - 2w_p^3)](w_-^2 w_p)^{-1}\} - \frac{3}{2}(\gamma - 2)k^2 w_m \tag{6.61}$$

$$\dot{w}_- = 2\sqrt{3}w_- x_- \tag{6.62}$$

et pour $\dot{H}$

$$\dot{H} = -H[72y^2 + 24(\pm 2\frac{w_p^{1/2} w_m^{3/2}}{w_-} \pm 2w_p^{1/2} w_m^{3/2} w_- - 2w_p^2 + \frac{w_p^2}{w_-^2} +$$

$$w_p^2 w_-^2 + \frac{w_m^3}{w_p}) + \frac{3}{2}(\gamma - 2)k^2] \tag{6.63}$$

Chapitre 7

Conclusion et perspectives

Dans ce livre, nous avons considéré les propriétés des modèles cosmologiques homogènes de Bianchi de classe A en théories tenseur-scalaires et nous avons cherché à contraindre ces théories en étudiant l'isotropisation de ces modèles. Pour cela nous nous sommes servis de deux outils : le formalisme Hamiltonien ADM et la théorie des systemes dynamiques. Nous avons ainsi détecté trois familles de points d'équilibre, correspondant à trois manières différentes pour l'Univers de s'isotropiser et les avons appelées classe 1, 2 et 3. Nous nous sommes intéressés à la classe 1 et avons obtenu des résultats consistant en :

1. La localisation des points d'équilibre isotropes stables.

2. Les conditions nécessaires à leur existence et contraignant les théories tenseur-scalaires.

3. Les comportements asymptotiques du champ scalaire, des fonctions métriques et du potentiel.

Ceux de ces résultats décrivant où liés à des comportements asymptotiques ont été calculés sous l'hypothèse que l'Univers tend suffisamment vite vers son état d'équilibre. Mathématiquement parlant cela signifie qu'à l'approche de l'isotropie, les diverses variables figurant dans les équations de champs tendent suffisamment vite vers leurs valeurs a l'équilibre afin que l'on puisse négliger leurs variations dans les calculs. Nous avons montré comment cette hypothèse pouvait être levée en ce qui concerne la fonction ℓ. En revanche pour les autres variables, une étude des perturbations à l'approche de l'équilibre s'avère nécessaire et des progrès devront être faits dans ce sens pour compléter l'étude des processus d'isotropisation de classe 1.

Au final, l'état dans lequel se trouve l'Univers lorsqu'il atteint l'isotropie présente des caractéristiques intéressantes. En particulier pour les champs scalaires minimalement couplés, cet état isotrope peut être résumé de la manière suivante :

– L'univers est en expansion tel que les fonctions métriques tendent vers des puissance ou des exponentielles du temps propre et le potentiel respectivement disparaît comme t^{-2} ou tend vers une constante.

– La présence de courbure favorise une accélération tardive de l'expansion.

– L'univers est asymptotiquement plat.

Lorsque le champ scalaire est non minimalement couplé, nous avons pu contraindre les théories tenseur-scalaires de telle façon qu'elles soient compatibles avec l'isotropisation et déterminer les comportements asymptotiques des fonctions dans le référentiel d'Einstein mais il est impossible d'obtenir ces comportements sans quadrature dans le référentiel de Brans-Dicke. L'ensemble de ces résultats a été illustré par de nombreuses applications analytiques et numériques.

Ce qui reste à accomplir est encore immense mais nous espérons avoir défini un cadre de travail opérationnel capable de guider de futures recherches sur le sujet de l'isotropisation des cosmologies homogènes mais anisotropes en théories tenseur-scalaires. Entre autres perspectives, il serait important de prendre en compte les cas de potentiels ou de fonctions de Brans-Dicke négatifs. Ceci correspondrait alors à un non respect de la condition d'énergie faible, hypothèse qui revient constamment dans la littérature mais qui manque encore de motivations physiques. Plus important, il serait utile de généraliser nos résultats aux modèles dont la convergence vers l'état isotrope n'est pas suffisamment rapide pour négliger les termes du second ordre pour ℓ (hypothèse de variabilité) ou pour les variables dont nous nous sommes servi pour réécrire les équations Hamiltoniennes. Enfin, une dernière possibilité importante consisterait en l'étude des classes d'isotropisation de type 2 et 3 qui n'ont été abordées que numériquement à travers des applications. Un axe de recherche possible serait donc d'obtenir des résultats analytiques. En particulier la classe 3, s'est révélée être le moyen d'isotropisation privilégié de certaines théories tenseur-scalaires possédant un champ scalaire complexe.

Bibliographie

[1] S. Fay. Cosmologies spatialement homogènes en théories tenseur-scalaires. *Thèse de doctorat*, observatoire de Paris, dirigée par le Dr Jean-Pierre Luminet, 2004.

[2] M.-N. Célérier. Do we really see a cosmological constant in the supernovae data ? *Astron.Astrophys.*353 :63-71, 2000.

[3] J.-P. Uzan et al. Time drift of cosmological redshifts as a test of the Copernican principle. *Phys.Rev.Lett.*100 :191303, 2008.

[4] J. Wainwright et G. F. R. Ellis Dynamical system in cosmology. *Cambridge Univ. Press*, 1997.

[5] Carl H. Brans. Gravity and the tenacious scalar field. *Contribution to Festscrift volume for Englebert Schucking*, 1997.

[6] T. Kaluza. Zum unitätsproblem der physik. *Sitzungsber. Preuss. Akad. Wiss. Phys. mat. Klasse*, 96 :69, 1921.

[7] Ingunn Kathrine Wehus and Finn Ravndal. Dynamics of the scalar field in 5-dimensional kaluza-klein theory. *hep-ph/0210292*, 2002.

[8] Pascual Jordan. *Ann. d. Physik*, 1 :219, 1947.

[9] Y. Thiry. *Comptes Rendues*, 226 :216, 1948.

[10] Paul Dirac. *Nature*, 139 :323, 1937.

[11] Carl H. Brans and Robert H. Dicke. Mach's principle and a relativistic theory of gravitation. *Phys. Rev.*, 124, 3 :925–935, 1961.

[12] H. Alan Guth. Inflationary universe : A possible solution to the horizon and flatness problems. *Phys. Rev. D*, 23 :347, 1981.

[13] S. Perlmutter et al. Measurements of Ω and Λ from 42 Hight-Redshift Supernovae. *Astrophysical Journal*, 517 :565–586, 1999.

[14] Adam Riess et al. Observational evidence from Supernovae for an accelerating Universe and a cosmological constant. *Astrophysical Journal*, 116 :1009, 1998.

[15] Y A. B. Zel'dovich. Cosmological field thory for observational astronomers. *Sov. Sci. Rev. E Astrophys. Space Phys.*, Vol. 5 :1–37, 1986.

[16] Gordon Kane. *Supersymmetry, unveiling the ultimate laws of Nature.* Perseus Publishing, Cambridge, Massachusetts, 2000.

[17] Ces informations proviennent de http ://www34.homepage.villanova.edu/ robert.jantzen/bianchi/bianchi.html#papers.

[18] Luigi Bianchi. *Rend. Accad. Naz. dei Lincei*, 11 :3, 1902.

[19] R. Lipshitz. *J. für die reine und aug. Math.*, 2 :1, 1870.

[20] W. Killing. *J. für die reine und aug. Math.*, 109 :121, 1892.

[21] S. Lie and F. Engel. *Theorie der Transformationsgruppen*, 1(1888) et 3(1893).

[22] Abraham Taub. Empty spacetimes admitting a three-parameter group of motions. *Annals of Mathematics*, 53 :472–490, 1951.

[23] O. Heckmann and E. Schücking. *Gravitation, an Introduction to Current Research.* Wiley, 1962.

[24] F.B. Estabrook, W.D. Wahlquist, and C.G. Behr. Dyadic analysis of spatially homogeneous world models. *J. Math. Phys.*, 9 :497–504, 1968.

[25] Michael P. Ryan and Lawrence Shepley. *Homogenous Relativistic Cosmologies.* Princeton University Press, 1975.

[26] Geaoge F. G. Ellis and Henk van Elst. Cosmological models. *Cargèse Lectures*, gr-qc/9812046 :477, 1998.

[27] H. Graham Flegg. *From Geometry to topology.* Dover publication, inc, Mineola, New York, 1974.

[28] C. W. Misner. Mixmaster Universe. *Phys. Rev. Lett.*, 22 :1071, 1969.

[29] C. W. Misner. Quantum cosmology. *Phys. Rev.*, 186, 5 :1319–1327, 1969.

[30] J. Wainwright and G.F.R. Ellis, editors. *Dynamical Systems in Cosmology.* Cambridge University Press, 1997.

[31] C. W. Misner. *Phys. Rev.*, 125 :2163, 1962.

[32] S. Fay. Isotropisation of Generalised-Scalar Tensor theory plus a massive scalar field in the Bianchi type I model. *Class. Quantum Grav*, 18 :2887–2894, 2001.

[33] Hidekazu Nariai. Hamiltonian approach to the dynamics of Expanding Homogeneous Universe in the Brans-Dicke cosmology. *Prog. of Theo. Phys.*, 47,6 :1824, 1972.

[34] C. B. Collins and S. W. Hawking. Why is the universe isotropic. *Astrophys. J.*, 180 :317–334, 1973.

[35] S. Fay. Hamiltonian study of the generalized scalar-tensor theory with potential in a Bianchi type I model. *Class. Quantum Grav.*, 17 :891–902, 2000.

[36] S. Fay. Isotropisation of Bianchi class A models with a minimally coupled scalar field and a perfect fluid. *Class. Quantum Grav.*, 21, 1609-1621, 2004.

[37] S. Fay. Isotropisation of flat homogeneous Bianchi type I model with a non minimally coupled and massive scalar field. *Gen.Rel.Grav.*, 37 :1233-1253, 2005.

[38] R. M. Wald. Asymptotic behavior of homogeneous cosmological models in the presence of a positive cosmological constant. *Phys. Rev.*, D28 :2118, 1983.

[39] A.A.Coley, J. Ibàñez, and R.J. van den Hoogen. *J. Math. Phys.*, 38 :5256, 1997.

[40] S. Fay. Isotropisation of the minimally coupled scalar-tensor theory with a massive scalar field and a perfect fluid in the Bianchi type I model. *Class. Quantum Grav*, 19, 2 :269–278, 2002.

[41] John D. Barrow. Cosmological limits on slightly skew stresses. *phys. Rev.*, D55, 12 :7451, 1997.

[42] David I. Santiago, Dimitri Kalligas, and Robert V. Wagoner. Scalar-Tensor Cosmologies and their Late Time Evolution. *Phys. Rev.*, D58 :124005, 1998.

[43] Edmund J. Copeland, Andrew R. Liddle, and David Wand. Exponential potentials and cosmological scaling solutions. *Phys. Rev.*, D57 :4686–4690, 1998.

[44] Kei ichi Maeda. Towards the einstein-hilbert action via conformal transformation. *phys. Rev.*, D39, 10, 1989.

[45] John Ellis, Nemanja Kaloper, Keith A. Olive, and Jun'ichi Yokoyama. Topological R^4 inflation. *Phys. Rev.*, D59 :103503, 1998.

[46] David Wands. Extended gravity theories and the Einstein-Hilbert action. *Class. Quant. Grav.*, 11 :269, 1994.

[47] Edmund J Copeland, Andrew R Liddle, David H Lyth, Ewan D Stewart, and David Wands. False vacuum inflation with einstein gravity. *Phys. Rev.*, D49 :6410–6433, 1994.

[48] Juan Garcia-Bellido, Andrei Linde, and David Wands. Density perturbations and black hole formation in hybrid inflation. *Phys. Rev.*, D54 :6040–6058, 1996.

[49] S. Fay and J. P. Luminet. Isotropisation of flat homogeneous cosmologies in presence of minimally coupled massive scalar fields with a perfect fluid. *Class. Quantum Grav.*, 21 :1849–1878, 2004.

[50] J. M. Aguirregabiria, P. Labraga, and Ruth Lazkoz. Assisted inflation in Bianchi VI0 cosmologies. *gr-qc/0107009*, 2001.

[51] A. Iorio, G. Lambiase, and G. Vitiello. Quantization of scalar fields in curved background and quantum algebras. *Annals Phys.*, 294 :234–250, 2001.

[52] Je-An Gu and W-Y. P. Hwang. Can the quintessence be a complex scalar field ? *Phys.Lett.*, B517 :1–6, 2001.

[53] S. A. Pavluchenko, N. Yu. Savchenko, and A. V. Toporensky. The generality of inflation in some closed FRW models with a scalar field. *Int. J. Mod. Phys. D*, 11 :805–816, 2002.

[54] S. Kasuya and M. Kawasaki. Topological defects formation after inflation and lattice simulation. *Phys.Rev.*, D58 :083516, 1998.

[55] D. G. Barci, E. S. Fraga, and R. O. Ramos. A nonequilibrium field theory decription of the Bose-Einstein condensate. *Phys.Rev.Lett.*, 85 :479–482, 2000.

[56] Diego F. Torres and Héctor Vucetich. Hyperextended scalar-tensor gravity. *Phys. Rev.*, D54 :7373–7377, 1996.

[57] T. Damour and K. Nordtvedt. Tensor-scalar cosmological models and their relaxation toward general relativity. *Phys.Rev.*, D48 :3436, 1993.

[58] Jacob D. Bekenstein. Are particle rest masses variable ? theory and constraints from solar system experiments. *Phys. Rev.*, D15, 6 :1458, 1977.

[59] Michael P. Ryan. *Hamiltonian cosmology*. Springer-Verlag, 1972.

[60] Kjell Rosquist and Robert T. Jantzen. Unified regularisation of bianchi cosmology. *Phys. Rep.*, 166 :90–124, 1988.

[61] S. Fay. Isotropisation of Bianchi class A models with curvature for a minimally coupled scalar tensor theory. *Class. Quantum Grav*, 20, 7, 2003.

[62] John D. Barrow and Yves Gaspar. Bianchi VIII empty futures. *Class.Quant.Grav.*, 18 :1809, 2001.

[63] S. Fay. Isotropisation of Bianchi class A models with a minimally coupled scalar field and a perfect fluid. *Class. Quantum Grav.*, 21, 6 :1609–1621, 2004.

Table des matières

www.ingramcontent.com/pod-product-compliance
Lightning Source LLC
Chambersburg PA
CBHW021932220326
41598CB00061BA/1399